定年後が
楽しくなる脳習慣

加藤俊徳

潮新書
015

潮出版社

はじめに

50歳を過ぎたり、定年まで勤め上げたりしたあと、はたして自分には何が残っているのだろうか。ふとそう考える人は多いと思います。

脳科学者にも、医師にも定年はありませんが、人生の後半に突入した今、私自身も、後半戦の生き方について思いをめぐらせるときがあります。

人生の前半は、多くの人にふれ、新しい経験を重ねるのに精いっぱいでした。文字通りむさぼるように知識を蓄え、がむしゃらに脳を動かし、何もない空っぽな自分を、無数の経験で埋めていく作業をひたすら続けていました。そのなかには、過信してだまされたと思うこともありましたし、よかったと思うこともありました。そうした失敗と成功のすべてを糧にしながら、気づくと目指していた場所に、やっと手の届くところまでたどり着いていたのです。

ところが、人生は長い。まだ、あるのです。

子どもの頃や若い頃に描いていた人生の設計図は、だいたい今の年くらいまでで、50歳から１００歳までをどう生きるかは、その年になって初めて考えさせられます。50年間生きてきて、酸いも甘いも知ったような気分になっていても、考えてみれば人生はまだ道半分。これから先、まだまだ長い時間が待っているのです。

目の前にある課題に必死に取り組み、自分を高めることだけに奔走した人生の前半。貪欲に走り続け、上だけを見てきました。しかし、その勢いが押し上げてくれるのは、もはやここまで。若いときに手にした爆発力だけではバッテリーはもちません。これ以上やみくもに走っても、身も心もすりへらしてしまいます。

だから、走り続けた足を一度止めて、チャージすることが必要なのです。もう急ぐ必要はありません。ゆっくりと後ろを振り返ってみませんか。自分の後ろには長い道ができているはずです。残りの人生へと歩みを進める前に、これまでの足跡を見つめ直すことが重要なのです。

過去の記憶を、アルバムをひもとくように振り返ってみてください。そこにはどんなストーリーがありましたか。どんな登場人物がいましたか。思い出したくもないようなつらいこともあったでしょうし、何度でも話したくなるような楽しい思い出もあったでしょう。

どちらも自分のつくりあげた道のなかに根を下ろしているのです。

いったんそのすべてを思い出し整理することで、これまで生きてきた自分という存在が明確になります。そしてこれから自分が何を大切にしたいのか。楽しかった思い出のなかにそのヒントは隠されています。

悲しい思い出を清算して、楽しかった思い出を拾い上げて、そこをもっと突き詰めていく。それが人生の後半の始まりです。まずは、実際に、アルバムを冊子にして作成してみましょう。スマホで撮影するだけでは不十分です。選んで冊子に残す写真を選んだり、過去の写真を取捨選択して掲載する行為が人生後半の生きる力を蓄えるのです。

記憶のアルバムのなかには、たくさんの人が存在します。親、親戚、子ども、同僚、親友。今では付き合いのない人たちもたくさん。近しい人は人生のステージごとに変わっていきました。しかし、人生のどの場面を見ても、ずっとそばにいてくれた相棒がいます。それが自分の脳です。これからどんな人と出会うかは未知数ですが、脳との付き合いは一生続きます。脳を楽しくさせる脳習慣を選んで継続しましょう。

自分を一番知っている存在。それは親でも、伴侶でもなく、自分の脳なのです。だから、これからの人生、脳が楽しくなることを選択していけば間違いはありません。脳が生き生きすれば、人生も生き生きしていきます。何をしてよいか分からなければ、脳を喜ばせてあげる。そうすれば、おのずと自分にとっても良い結果が待っているのです。
そして健康な脳は、決して老けません。脳を磨き続ければ、若々しさを保って認知症予防にもなり、最後の最後まで自分を楽しみぬくことができるのです。脳に定年はありません。いつまでも伸び続けます。

人生前半がありとあらゆるものを吸収して自分の価値観を構築する期間だったとしたら、人生の後半は、その数ある選択肢のなかから自分にとって必要なものを選んでいくときです。どれだけ回り道をしても、たくさんの失敗を繰り返しても、それが己を磨くエネルギーとなったのが人生の前半。後半は本当に大切なものを見極めて選り分けていく眼力が求められます。なかには無駄なものもあります。うぬぼれ、慢心、しがらみ、面目、虚勢、保身……。そういった不要なものを切り捨てながら、脳をどう喜ばせていくかを考える。それが人生後半の課題であり、前半戦を一生懸命に生きてきた大人だけに与えられたぜいたくな生き方なのです。

著者

定年後が楽しくなる脳習慣

目次

第3章 選ぶ力 …… 95

第4章 祈る力 …… 127

第5章 愛する力 …… 147

第6章 定年後を生きる力 …… 169

序章

定年後の成功のプロファイルを作る

これまで、あなたの人生は、成功しましたか？
これから、あなたの人生は、成功すると思いますか？

この問いに、自信をもって「イエス」と答えられる人は、はたしてどれくらいいるでしょうか。

成功の定義は当然ひとつではありません。人によってはお金持ちや権力者になることを成功と呼び、またある人は愛する人たちに囲まれて健康に生きることを成功と呼ぶでしょう。そのどちらも間違いではありませんが、人生が最後を迎えたときに自分の人生が成功だったと思って死にたい。それは多くの人に共通する願いなのではないでしょうか。自分の人生に満足感をもち、最後の最後まで輝き続けられる人には共通点があります。それは自分なりの成功の定義をもっていることです。

自分が成功しているのかも、これから成功できるのかも分からない。そういう人は自分のなかに成功の定義がありません。何がゴールなのかが分からなければ、自分の人生がうまくいっているかどうかも分からないのは当然です。

これまでに成功を収めた人も、特に大きな成功を収めていない人も、「なんとなく嬉しかった思い出」はたくさんあるはずです。人生のなかで喜びを感じられた瞬間はひとつだけではありません。個人的な小さい出来事もあれば、世間的に認められた大きなイベントもあるでしょう。ことの大小は人それぞれでも、自分が思っている成功こそが「成功」であり、そこに今後の人生を輝かせられる鍵が隠されているのです。

定年後を楽しむためのＴＯＤＯ①　自分の成功の定義を決める

本書を読み進めていく前に、１冊の新品のノートを用意してください。

形から入るタイプの人ならば少し上質のノートとペンをそろえて気分を上げてもいいですし、すぐに始めたい人ならば１００円ショップで売っているものでも当然かまいません。その最初の１ページに、これまでの人生における成功体験を思いつくだけ列挙して書いてください。

子ども時代、10代、20代、30代……と時代を区切って考えてみると、少なくともひとつは自分にとって「成功」と呼べる体験があるはずです。大学に合格したり、希望の会社に入社できたり、好きな人に出会えたり、資格をとったり……。誰かに見せるわけではないのでできるだけ正直に書き出してください。当然小さな成功でもかまいませんし、成功を「嬉しかったこと」と言い換えてもいいでしょう。小学生のときにテストで100点を取った。絵が入賞した。運動会で1位になった。劇で主役を演じた。成功は人それぞれ違います。書き出しているうちに、何十年も思い出していなかった記憶がよみがえることもあるでしょう。

自分の人生を振り返ったときに、「成功」と聞いて思いつくもの。それが間違いなくあなたの脳に強く刻まれている経験であり、今まで自分を下支えしてくれていたプラスの経験です。すべての人がその記憶を脳の中にもちながらも、あえてそれを意識して検証している人は決して多くありません。なんとなく頭の中に置いておくだけではなく、視覚的に目の前に差し出すことで、自分がどんなことで喜ぶのかが明確に分かります。

しかし、思い出すだけで止まってはだめです。思い出に浸り「あの頃はよかった」と嘆いてしまえば、そこから成長はありえません。大切なのは、その経験がなぜ嬉しかったのか、なぜ今でも覚えているのかをとことん突き詰めること。

誰かが喜んでくれたから?

誰かとは、親なのか、自分なのか。

お金を儲けたから？

なぜお金を儲けたことが嬉しかったのか。

そのお金で何を得たのか。

名声を得たから？

その名声は自分をどこへ運んでくれたのか。

「なぜ」を突き詰めていくうちに、自分の思いがはっきりとしてくるはずです。

その思いをもう一度再現すること。それがこれからの人生を輝かせるポイントになります。そして、次なる成功に向かっていくためのキーワードとなるのが「欲」です。

「吾十有五にして学を志し、
三十にして立ち、
四十にして惑わず。
五十にして天命を知り、
六十にして耳順《したが》う。
七十にして心の欲する所に従えども、矩《のり》を踰《こ》えず」

言わずと知れた論語の一節ですが、私はこれを孔子《こうし》なりの成功論だと考えています。年齢ごとに到達すべき境地をクリアしていけば、やがては人として目指すべき姿を手にして人生をまっとうできるという教え。人生の段階に合った的確な言葉であると感心すると同時に、私は「七十にして心の欲する所に従えども、矩を踰えず」の一文に特に興味を引かれます。孔子は、「七十のじいさんになったら欲を捨ててまっとうに生きろ」といっているわけではなく、「自分自身の欲に従っても、人としての道を外れることはない」ことが理想だといっているんですね。つまり、欲はもってしかるべきであるが、たとえそれに従っても人としてのあるべき姿になっている。それが理想だと説いているわけです、「欲に従う」と聞くと、自堕落なことだと感じるかもしれませんが、70歳にして「欲」をもつのは意外と難しいものです。年齢を理由にいろいろなことを諦めてしまいがちですが、脳にとってはこの「欲」こそが刺激となり、いつまでも成長し続けられるためには欠かせない栄養素なのです。欲求をなくした脳は成長をストップさせ、やがて「死」へと向かっていきます。

50歳以降に、人生をさらに充実させ、最後まで「いい人生だった」と感じられるようにするために欠かせない行動は、ずばり2つ。

「欲をもつこと」と「欲を選ぶこと」です。

50歳までは「欲をもつ」とあえて意識しなくても欲だらけだったことでしょう。

食欲、睡眠欲、性欲のような本能的なものから、意欲、出世欲、知識欲、自己顕示欲、物欲、金銭欲など個々に差の出るものまで。欲にはいろいろありますが、20年前の自分を思い出したとき、ほとんどの人がそれらの欲が下がっていることを自覚すると思います。

仕事にも恋愛にも積極的に動いていた20代、子どもをもうけて落ち着き始めた30代、社会的な地位を確立していった40代、そして定年が見えてきた50代。

だんだんと欲を追求する機会や元気が減ってきたはずです。しかし、脳科学で考えれば、欲は最高の刺激であり、逆に欲がない人はボケていきます。若いときよりも、むしろ年を重ねてからのほうが、脳にとって欲は欠かせない存在となっていくのです。

また「あれがしたい」「これがしたい」という欲求を司る感情系の脳番地は、記憶を司る海馬《かいば》とも非常に近い場所にあり、ここに与える刺激が、記憶力などの認知機能と深くかかわっています。私の患者さんのなかにも、感情系を刺激して認知機能を向上させた方が多くいらっしゃいます。先日のことですが、すでに認知症を発症して数年が経過している男性に、昔好きだった歌を聴かせたり芸能人の顔を見せたりしていると、みるみるうちに元気を取り戻していきました。当時好きだったという「高校三年生」や「青い山脈」を一緒に聴いているうちに、ぽつりぽつりと歌詞を口ずさみ始め、ついにはその周辺の記憶も饒舌《じょうぜつ》に語り始めたのです。その後、記憶力を測る認知症の検査をしてみると1年前よりも成績が向上していて、家族も驚いていらっしゃいました。楽しい頃の記憶が感情系の脳を刺激し、「歌いたい」「話したい」という意欲を生み、それが認知機能の改善につながったのだと考えられます。

認知症の患者さんにとってこれだけの効果が見られることからも、今後の人生を輝かせるために「欲」が欠かせないことはご理解いただけるのではないでしょうか。50代以降は、何もしなければ欲が落ちてきます。欲にもう一度目覚め、再び自分を奮い立たせられれば、人生後半にも成功は待っています。独身ならば今から恋愛して結婚してもいいでしょうし、経営者ならば今以上の成功を狙って新たな事業を始めてもいいでしょう。はたまたテレビのスターにもう一度熱を上げるだけでも脳は元気に動き始めます。

とはいえ、当然のことながら欲におぼれてはいけません。

さまざまな欲に突き動かされていた若い頃は、欲を選ぶ力が育っていないために、多くの失敗をしたはずです。異性に目移りしたり、うまい話に乗せられて痛い目を見たり、欲に従うだけでは、うまくいかなかったことでしょう。

一方、欲が落ちてきた50代は、逆に欲を選ぶ力を備えています。失敗も成功も経験し、どんな欲に従えばうまくいくかを冷静に判断できるようになっているのです。これからの人生でもう一花咲かせられるかどうかは、まさに孔子のいうところの「矩を踰えない」範囲で、自分を楽しませる生き方を追求していけるかということにかかっています。50歳を過ぎたら、あえて欲をもち、そのなかから欲を選んでいく。その姿勢を忘れないでください。

定年後を楽しむためのＴＯＤＯ②　人生のランキング作り

成功体験を列挙したノートを再び取り出し、次のページをめくってください。

そこから1ページずつ、次のことについてのランキング作りをしてみてください。

・楽しかった思い出
・好きだった人
・好きだった場所
・好きだった歌
・好きだった本
・好きだった映画

成功体験と同じく、これまでの人生のアルバムといえる足跡を具体的に振り返ることで、自分という人間がより浮き彫りになります。そして、残したい記憶、残したい人間関係がはっきりとし、これからを生きる力になっていくのです。

ぜひ、これまで好きだったことは再現してみてください。好きだった場所を再度訪れたり、好きな本を読み返したり。楽しい記憶を再現することは、記憶力を強化します。その楽しい時代に使った脳の中の年輪を動かすようなもので、たとえば、28歳だと思って朝から生活することで、28歳の勢いを脳が再現しようとします。脳の中の年輪を動かせば、記憶だけが再生するだけではなく、その時代に使った複数の脳番地が一緒に動くのです。その時代に毎日ジョギングしていたら、ランナーズハイになったような気分で開始したくなる気持ちが起こるのは、脳の年輪が動いたためです。

定年後を楽しむためのTODO③　自分の良い点悪い点を書く

次に自分の良い点と悪い点を書き出してみてください。それぞれいくつ挙げられたでしょうか。うつ症状を患う人に聞くと、良い点と悪い点が1対9の割合になるようなこともあります。しかし、今の自分への肯定感は、今後を楽しく生きる上で前向きな意識をもてるかどうかにかかわってきます。

場合によっては同じようなことを「良い点」に挙げる人もいれば、「悪い点」に挙げる人もいるでしょう。ネガティブ感情が脳に良くないことは、本書の中で説明していきますが、人は負の部分を責めても向上しにくいという性質をもっています。悪い点のほうが良い点よりも多かった人は、その比率が逆転するように努力してみてください。そのためには、悪い点を無理に治そうとするよりも、自分にはない良い点を増やすように心がけてみましょう。良い点を新たに発掘、追加していくと、おのずと悪い点が減っていくという現象が起こるはずです。

定年後を楽しむためのＴＯＤＯ④　毎日のノート作り

さて、これまでの成功体験、自分の好きなこと、自分の良い点悪い点が見えてきました。自らを振り返り、その価値観を見つめ直すことは、今後充実した人生を歩んでいく上では欠かせない作業です。しかし、人生は毎日の積み重ね。大きなビジョンを抱きつつも、地道に続けられる具体的な取り組みも大切になってきます。

私が常日頃から意識しているのは「１日の充実度を上げること」です。

年を取ったら、日々少しずつ衰えていくイメージを抱いているかもしれませんが、脳に関してはその逆を目指すことができます。白髪やしわが増えたり、髪の毛が少なくなったり、目に見える老いはやってきても、それと脳の老化は同じではありません。詳しいことは本書の中で説明していきますが、脳はいくつになっても成長します。その基本原則だけは、まずおさえておいてください。

誰にでも平等に与えられた1日という24時間をどう生きるか、どう捉えるかで、その日の充実度が変わり、やがては人生全体の幸福度を左右してくると思っています。1日を終えて眠りにつくとき、24時間前の自分より、少しでも成長しただろうか。私は毎日それを考え、より具体的に実感できるように、毎日の習慣に取り入れています。

それが毎日のノート作りです。予定を書き込む手帳とは別にノートを一冊用意してつねに持ち歩き、その日に気づいたこと、楽しかったこと、発見などを書くようにしています。日記をつけるほどの余裕はなくても、言葉を書き留めるくらいならば、どれだけ忙しい人でも無理ではありません。

たとえば、最近ならば平昌《ピョンチャン》オリンピックがあったので、テレビ観戦をしているなかで気づいたことや、選手の名言などを書き留めていました。なかでも私が注目したのはカーリング女子。ストーンを氷上に解き放つときの彼女たちの真剣なまなざしには心を奪われました。カーリングの試合を見ながら私がノートに書いた言葉は「眼球女子」。

彼女たちが美しく見えるのは、目を使い、遠くを見つめているからだと気づいたのです。視線の先にある「勝ちたい」という強いメッセージが感じられるからこそ、テレビで見ている視聴者にも、その熱い思いが伝わり、瞬く間に注目の種目となったのでしょう。逆に近くのものしか見ない「スマホ女子」が美しくないのも同じ理由だと気づきました。カーリング女子の試合を見ながら、ひとり勝手に女性の美について多くの気づきを得たのです。それは私にとって小さいながらも1日の充実度を高める大きな収穫でした。

同じオリンピックを見るにしても、ただ応援するだけより、そのときの気づきや思いを一言言葉に変えて書き留めるだけで、観戦した意味が何倍にも大きくなります。そして、また日を置いて見返したときに、そのときに感じた思いを再度味わうことができるのです。1日の充実度を上げることは意識するだけでは難しいですが、実際にノートに書くことで、具体的に実感できます。

人生の振り返りや、1日の楽しみをノートに書きつけると、人はいかに目に見えないものに動かされているかに気づかされます。

自分がどんな仕事につき、どんな家族がいて、どれほどお金をもっているのか。そういった事実は視覚的、物理的に確認できても、なぜ今自分がそこにいるのか、なぜそういう決断を下したのか、なぜその人たちと付き合っているのか、といった「なぜ」には、さまざまな要素が隠れています。目に見えないものの力が人生を大きく左右しているのに、そのことに気づかずに過ごしている場合がとても多いのです。放っておけばそのまま素通りできるかもしれませんし、それでも運よく人生は回るかもしれません。しかし、あえて目に見えない言葉になりにくいものに目を凝らして思考をめぐらせ、自分なりの認識をもてれば、人生のコントロール度は大きく変わります。自分が何者なのか、何を求めているのか、そのためには何をすればいいのか。当たり前のようなことですが、50歳を過ぎても意識できていない人が多くいるのです。

本書では定年後を楽しむために求められる力を、「信じる」「疑う」「選ぶ」「祈る」「愛する」「生きる」の章に分けて、脳科学者である私なりの見解を書きつづっています。実践しやすい脳トレを紹介することもできますし、実際脳トレの本も数多く出版しています。しかし今回は、自分と同世代の読者の皆さんに向けて、もっと深いところで自分と脳を理解してほしいという思いから書かせていただきました。

自分を動かしている力。

そのほとんどは目に見えず、なんとなく決断してしまっていることばかりです。しかし、先ほど作ったノートを見返してみてください。そこに書かれている記憶に残った経験は、自分が何かを信じたり疑ったり愛したりした結果そのものなのです。だからこそ、これからはあいまいな思考のなかで結果を出すのではなく、確固とした意識をもって満足のいく決断を下していくことが、自分が決めた成功の定義を実現するために大切なのです。

皆さんが今日作ったノートが、これからの50年間ですてきな思い出たちで彩られることを願っています。

第1章

信じる力

今求められる脳力

インターネットがなく、国内でも別の文化にふれにくかった時代は、自分が置かれた環境の風習で、どう生きるかがある程度決められていました。その地域や親が正しいと信じているものを自然と受け入れ、そこに疑念を抱くまでもなく生涯をまっとうできたのです。それを不自由だと捉えるか、伝統的な生き方だと美徳を感じるかは人それぞれですが、現在私たちが生きている時代はまったく異なります。インターネットでさまざまな情報が流れるようになり、さらにスマートフォンの普及でその情報の波が24時間休みなく自分の手元にまで押し寄せてくるようになりました。地域や親から教わってきた価値観とはまったく異なる考え方にさらされながら、それでも自分というひとりの人間を貫いて生きていく、というまったく新しい試練を私たちは背負うことになったのです。

脳科学者であり、アメリカにも在住していた私がこうした時代の到来を予期していなかったわけではありません。実際に、1995年、34歳で、MRIの分野では当時世界を完全にリードしていたミネソタ大学放射線科MR研究センターの研究員となった私は、最初の1週間目から衝撃を受けました。当時すでにネットワークが完備されていて、自動的に大学のメルアドと研究室のメルアドの2つをもつことになっていました。「このメルアド、いつ必要になるのだろうか」そんな心配をよそに月曜日の朝9時半から1時間弱、研究室の全体会議があり、それから週末になっても会議の声がかかりません。そこで、「次はいつあるの」と研究室の秘書に聞くと、「毎週月曜日の朝の1時間だけよ」と言うのです。

さらに衝撃だったのは、ネットワーク接続がうまくいかず、SEにメールすると、「メールでいいの？　それとも生ボイスで？」と聞かれたことです。普通に口頭で話すのと同じようにメールベースのやり取りが、今から20年以上前に常識化していたこと、つまりIT革命がすでに起こっていたことをこの一件で悟りました。

当然のごとくITは右肩上がりに日進月歩で発展し、やがてロボットと共生する時代が来ると分かっていました。しかし、それが実際人間の脳にどのような影響を及ぼすのか、脳科学者として何ができるのかは、今この時代に突入するまでほぼ未知数でした。

情報が氾濫し、自分の情報すらも簡単に他人の手に渡ってしまうような今。私が現代人を見て一番危惧しているのが、「信じる力の崩壊」です。ウソかまことか分からないような情報をうのみにしたり、逆にインターネットの世界に疲れて何も信じられなくなったり。

人類がこれまで脈々と築いてきたはずの信じる力が、ここに来て異常事態を迎え、かなりの危機に瀕しているように感じます。


「信じる」と聞くとあなたはどんなことを思い浮かべるでしょうか。

神を信じる、宗教を信じる、家族を信じる、愛する人を信じる。

どれも尊く高潔な行為のように感じられます。しかし、はたして「信じる」とはそこまで日常とはかけ離れた特別な行為なのでしょうか。

私たちは日々のなかで、信じるという行為をたえず行っています。

たとえば、あなたは今この本をどこで読んでいるでしょう。

電車を待ちながらホームで読んでいるとしたら、あなたはすでにいくつものことを信じています。電車が数分後には必ず来ること。後ろの人があなたを押したりはしないこと。電車が目的の駅に連れて行ってくれること。会社に着けば自分の席があり、同僚が迎え入れてくれること。わが家で眠りにつけること。

あなたが当たり前だと認識していること、そのひとつひとつが、実は自身の信じる心が支えてくれているのです。もしもこの「信じる心」をもっていなければ、いつなんどき他人が自分をホームの下に突き落とすかもしれない、電車が衝突するかもしれない、と疑心暗鬼に考えるようになり恐ろしくて外に出ることすらできないでしょう。

私たちが決まった日常を送り、明日も必ずやってくると思いながら眠りに着く、それ自体が「信じる行為」そのものなのです。

そうだとしたら、私たちの生活は信じることの繰り返しだといえます。何を信じ、何を信じないのか、瞬時に決断を下して毎日を過ごしているのです。

誰かを信じて幸せを手に入れられることもあれば、誰かを信じて裏切られたり、失敗したりすることもあります。何を信じていいのか分からなくなったり、自分すら信じられなくなったり。私たちはそうして、信じた先にある成功と失敗を交互に体験しながら自分の「信念」を築いていっているのです。

誰もが悩み、もがきながら生きています。

苦しくなったとき、迷ったとき、人は何を道しるべとして前に進んでいるのでしょう。

私は脳科学者として30年以上、脳の研究を続けてきました。現在までに行ってきた研究のすべてを分かったとまでは言いませんが、やはりこの長い経験から得た確信があります。

人が信じた結果失敗したり、裏切られたりしたとしても、そのさらに元をたどれば、相手の脳が原因のように思えることも、結局はあなたの脳が原因なのです。信じて裏切られたとき、その人が悪魔のように見えたり、根っからの意地悪に見えたりするかもしれません。しかしその言動を支配しているのは、まぎれもない脳の存在なのです。私たち人間を動かし支配しているのは脳であるのにもかかわらず、そのことに気づかずに、人を判断して一喜一憂しているのです。

信じたことが正しかったかどうかは結果が出るまで分かりませんが、自分の「芯」をもって信じられたら、その後の受け取り方が大きく変わってきます。「信じる」という言葉ひとつでも実にさまざまな意味があり、さまざまな方法があるのです。

自分の脳を信じる力を磨いていけばクオリティ・オブ・ライフが確実に上がります。これまでなんとなく過ごしていたこと、逆に何度悩んでも解決できなかったことに再び焦点を当てて、信じ方を見直してみませんか。あなたの脳が、そしてあなた自身が、目覚ましい成長を遂げることは間違いありません。

汝自身の脳を知れ

まず自分を信じられなければ一歩も前には進めません。

他人を信じるにせよ、宗教を信じるにせよ、その土台となるのは自分です。足元が定まらなければ、高く飛べないのはもちろん、遅かれ早かれつまずくことになります。自分が信じられないまま、誰かを妄信したり、神頼みをしたりして、先に進んだところでその先に待っている将来は不安定なものでしかないのです。

今多くの人が自分を信じられずに失敗しているように思えてなりません。自ら命を絶ってしまう人の多くが、他者への恨みや「世の中を信じられなくなったから」と書き残して亡くなっています。確かに他人が引き金をひく場合もありますが、自分をきちんと信じられていて、自他の区別がしっかりできていれば死ぬ必要などないはずです。やはり自分の信じ方が重要になってきます。

では自分とは何者なのか。

その根本的な問いに立ち返ったとき、人は複雑に考えてしまい、答えがまとまりません。

しかし、本当はまさに「我思う、ゆえに我あり」。その思いをめぐらせている自分こそが自分なのです。そしてその思いを発しているのが自分自身の脳というわけです。

私は独自の脳の画像診断を通して、脳の病気の診断だけでなく、脳の強み、弱み、性格などの個性を鑑定することで、薬だけに頼らない処方箋をする世界で最初の「脳内科医」として日々、診療に明け暮れています。その結果、たくさんの方から、「自分の脳の中身を知ったことによって自分が信じられるようになった」という感謝の言葉をいただきます。私の脳のクリニックに来られる患者さんの多くが、もともと脳に問題を抱えていて生きづらさを感じている方だけでなく、世の中では成功されていてさらなる成長を求めて来られる方も多くいらっしゃいます。一見、境遇が正反対に思える両者でも、つまるところ、悩みの根本、成長の起爆剤は「自分を知ること」なのです。

自分の脳という真実を、画像を突きつけられて再確認することは、誰かに「これを信じなさい」と言葉でいわれるよりもよっぽど説得力があります。つまり、自分の脳に対する認識を高めれば、おのずと自分が信じられるようになるのです。

脳のＭＲＩ画像を見ると、その人の個性だけでなく、過去と未来までもが見えてきます。画像を見ながら「あなたは方向音痴で、暗算が苦手でしょう」とか「人前に出るとあがり症でしょう」などと言うと、患者さんはまるで占い師にでも会ったように驚きます。しかし私はただ当てずっぽうに言っているわけではなく、読み取った事実を伝えただけなのです。答えはすべて画像の中に隠されているのです。

とはいえ、すべての人がＭＲＩ脳画像を撮れるわけではありません。確かにより具体的な診断には画像が有効ですが、脳のしくみ、自分の脳の特徴、意識すべき点などを知れば、これまで近くて遠い存在だった自分の脳をぐっと身近に感じることができるでしょう。あらゆる角度から脳を見つめ直すためのヒントを紹介していくので、自分への認識を深める手がかりにしてほしいと思います。

悩みの原因は脳が９割

人はさまざまなことで悩みます。どんなことでよく悩むのかは人によって異なりますが、その傾向を探っていくと、実は脳の弱点と密接に関係しています。脳の弱点とはつまり、脳の中でまだ発達していない部分です。未発達の部分は当然のことながら自在に操ることができないので、表面上に悩みとなって表れてきます。

脳の弱点を探る前に、まず私が提唱している「脳番地」という考え方について簡単に説明させてください。

脳には1000億個以上の神経細胞が存在し、同じような働きをする細胞同士が小さな集団を形成して機能しています。その集団がいくつか連携を取りながら、「考える」「思う」「動く」などの私たちのあらゆる行動をかなえているのです。

私は脳全体をひとつの町として見立てて、その集団を「番地」と名付けました。その番地は全部でおよそ120ありますが、それを機能別に分けると8つに大別できます。これが私の代名詞ともなっている「脳番地」という考え方です。

8つの脳番地はそれぞれ別の機能を担いながらも、ひとつのことを実行するために相互に連絡を取り合い、複数が連携して働いています。個々の脳番地同士がネットワークを構築し、そのつながりを強化していくことで、脳の機能全体が高められていくのです。そしてそのネットワークのバラエティが多ければ多いほど、脳機能を存分に活用できているといえます。

ではその8つの脳番地を簡単に紹介します。

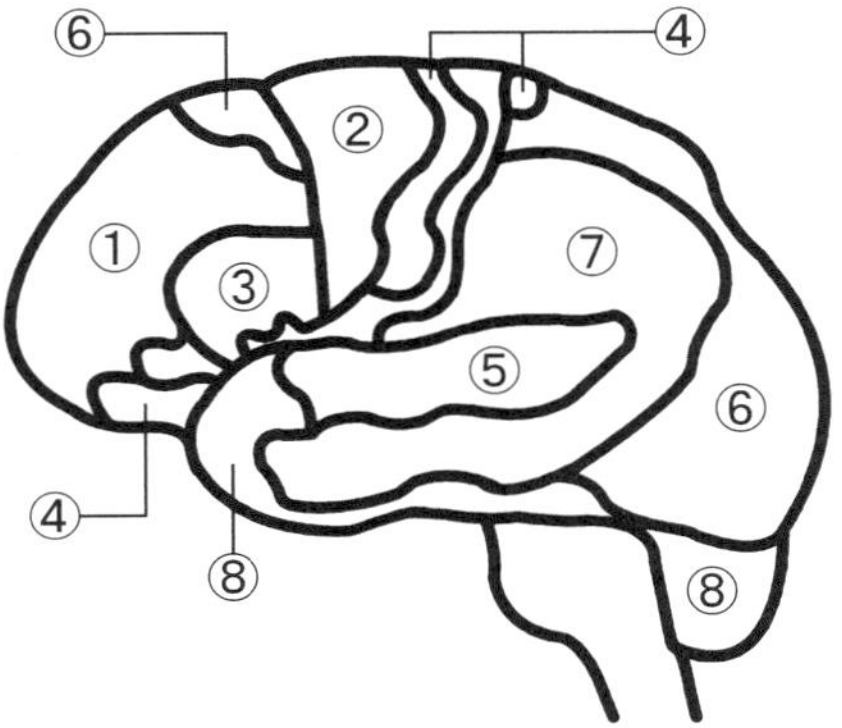

脳を左側面から見た脳番地の図

①思考系脳番地…思考力、判断力、集中力にかかわる脳番地

②運動系脳番地…運動や手先の器用さなど体を動かすことにかかわる脳番地

③伝達系脳番地…人と意思疎通するためのコミュニケーション能力を担う脳番地

④感情系脳番地…喜怒哀楽などの感性や社会性にかかわる脳番地

⑤聴覚系脳番地…言葉の聞き取りなど耳で聞くことにかかわる脳番地

⑥視覚系脳番地…目で見ることにかかわる脳番地

⑦理解系脳番地…物事や言葉を理解するのにかかわる脳番地

⑧記憶系脳番地…覚えたり思い出したりする記憶にかかわる脳番地

図は脳を左から見た絵ですが、脳番地はすべて右脳と左脳の両方にまたがっています。①から④の一部は頭の前側にあり、アウトプットにかかわる脳番地です。④から⑧は頭の後ろ側と側面にあり、インプットにかかわる番地です。④の感情系脳番地はアウトプットとインプットの両方にかかわってきます。

これらの脳番地が機能しうまく連携することで、外部から入ってきた情報を取り入れ、それを処理して加工し外へと表現していくことが可能になるのです。しかし当然ながら、すべての脳がバランスよく成長しているわけではありません。強い部分もあれば弱い部分もあり、それが脳の個性であり、その人の個性であり、ときには悩みとして表面に表れてくるのです。そして人は、多くの場合、脳の弱い部分から失敗します。

男性の場合、しっかり人の話を最後まで聞かずに、家族とトラブルになったり、ビジネスマンは、お客様の要求とは違った商品を発送するようなことが起こります。これは、聴覚系脳番地が未熟で強化されていないためです。女性よりも男性は、耳に人の言葉が残りにくいのですが、これは、脳の聞く力が弱く、しっかりと記憶系脳番地を活性化させるまでに至らないためです。また、しっかり聞いていない人ほど、不用意に暴言を吐いてしまったりするのです。聴覚系脳番地の弱さは、伝達系の発達にまで影響を与えます。

女性の場合、目を使って見て判断することが男性よりも苦手なことが多いです。地図が読めない、方向音痴は女性に多い印象があります。これは、視覚系脳番地が未熟なためです。たとえば、読書好きな女性は、文字を読むことで視覚系を強化していますが、ありのままを見て判断することは未熟になりやすいです。

目を動かすと視覚系だけでなく、運動系脳番地が鍛えられます。加藤プラチナクリニックの脳強化外来で眼球の使い方を訓練すると、明らかに顔の表情が、美女、美男になります。

このように、脳番地を鍛えることで、得することが増えます。反対に、伝達系が弱ければ思ったことが伝えられなかったり、視覚系が弱ければ目からの情報を見落としたりといった具合に失敗の原因はその脳番地の未熟さにあるといえます。

しかし逆にいえば、自分がどの脳番地が弱いのかを見極め、そこを集中的に鍛えていけば、失敗する原因を減らすことができます。何かを信じて裏切られたり、失敗したりしたことのある人は必ずどこかの脳番地に弱みが存在します。それぞれの脳番地の弱い人の傾向を見て、自分がどれに当てはまるのか、考えてみてください。

①思考系…タイミングや判断を誤る
②運動系…動きが遅い
③伝達系…思ったことが言えない
④感情系…怒る、共感できない
⑤聴覚系…相手の話をつかめない
⑥視覚系…未然に問題を防げない
⑦理解系…物事の受信力が落ちる
⑧記憶系…相手に求められたことを逃す

理解系が弱く、十分な理解ができない場合、怒りにつながりやすい脳になっています。理解できないことが、感情系を刺激してしまうのです。思考系が活性化して、冷静な場合は、じっくり間を取って理解しようとする構えができますが、思考系が弱かったり、疲れてぐったりしている場合には、思考系が弱くなっています。こうなると、すぐに切れてトラブルメーカーになります。このようなトラブルが頻回な場合は、明らかに思考系または、理解系が未熟なのです。ひとつのことにしか集中できなかったり、没頭するとほかのことに注意がいかない場合も思考系、感情系、理解系の弱さを顧みる必要があります。

自分がよく犯してしまう失敗がひとつくらいは見つかったのではないでしょうか。自分の弱みを知り、その成長を信じることから、すべては始まります。モヤモヤとした悩みを抱え続けずに、具体的に脳と向き合うことが、悩みを解消し、自分を信じられる第一歩になるのです。

各脳番地の鍛え方については、私の多くの著書で紹介していますので、詳しく知りたい方はぜひ読んでみてください。

脳は成長したがっている

人の脳の平均的な質量は１３００グラムから１５００グラム程度であると言われています。

世の中にはさまざまな人間が存在し、天才と呼ばれる人もいれば愚者と認識されてしまう人もいて、脳自体が千差万別のように思えますが、実は細胞の数や種類、脳の質量に個人差はほとんどありません。それでも能力に優劣が生まれたり、性格や志向が人によって異なったりするのは、使っている脳細胞の種類、すなわち、８つの脳番地の発達に違いがあるからなのです。

脳細胞の数は赤ん坊のときが一番多く、50歳頃から徐々に減少傾向になります。赤ん坊の脳細胞はまさに潜在能力細胞。まっさらな状態で外界からの刺激を受けてぐんぐんと伸びていきます。子供たちの成長の度合いが目覚ましいのは、細胞のキャパシティが大きく伸びしろがあるからなのです。

しかし、赤ん坊と成人のできることを比べてみれば、当然成人のほうが豊富な能力をもち合わせています。つまり、能力というのは脳細胞の数に比例するのではなく、いかにその潜在能力細胞を刺激して成長細胞にさせられたかで変わってくるのです。

脳の細胞自体には個人差がありませんが、使う脳の領域は人によって異なります。その違いこそが、「脳の個性」であり、ひいてはその人自身の個性として表面に表れてくるのです。

毎日多くのことにアンテナを張り、積極的に行動している人は、左右に広く脳を使えている一方、決まった生活パターンだけを繰り返している人は、限られた部分だけしか使えていないアンバランスな脳になっているでしょう。現役時代は精力的に働いていた人が、定年後家にこもって怠惰な生活を送ると、脳は一気に老け込み、認知症へのリスクを高めることになります。「これまで頑張ったから、定年後はゆっくりと」と考えている人も多いと思いますが、働かなくなった分の脳を違う形で動かす必要があるのです。使った脳の領域は確実に成長します。

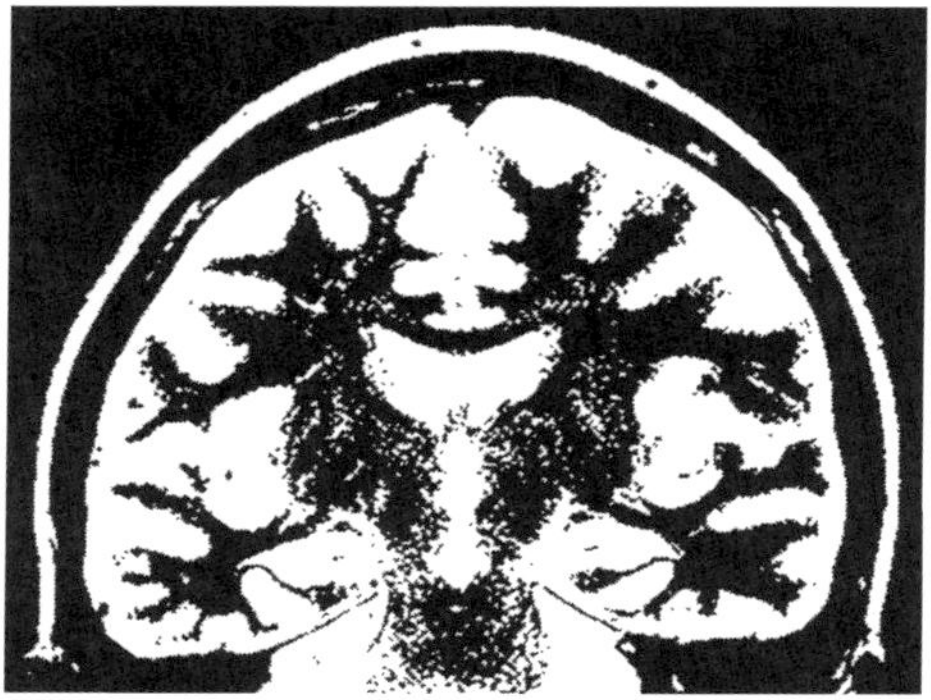

左右の耳を通過する断面の脳の枝ぶり画像

そのことは、私が日々撮影している患者さんの脳のＭＲＩ画像が証明してくれています。

大脳は神経細胞の集まる「皮質」と、神経線維の集まる「白質」で構成されています。

白質が使い込まれていくと、まるで樹木が水や太陽の力を受けて育つように太く成長していき、周りの皮質も押し広げられるようにして表面積を広げていきます。

この白質の成長の具合を樹木にたとえて「枝ぶり」と私は呼んでいますが、画像に写る黒く枝分かれした部分がまさに脳の枝ぶりです（画像参照）。

脳を積極的に使えば、この枝ぶりが立派に成長していき、頭の回転がよく、聡明な印象を与える人になれるのです。

赤ん坊からの飛躍的な成長が教えてくれるように、脳はそれ自体が成長を求める器官であるといえます。人が心の中で「成長したい」と願っているように、脳も同じように「成長したい」と願っているのです。大切なのは、その脳の成長願望を信じてあげること。意気揚々と学校に通う子どもに「あなたは成績が悪いから退学しなさい」と声を掛ける親はいません。自主的な向上心を阻害せずに、能力を伸ばしてあげることが、子どもの成長と同様に脳にとっても不可欠なのです。

脳を自殺に追い込むマイナス感情

「自分は何をやってもだめだ」と嘆く人がいます。

脳のデキが悪いと決めつけて、どうせ努力しても身にならないと、夢や希望を諦めてしまっている人。何度も失敗を繰り返せば、悲観的になるのも分かりますが、それではせっかく成長しようとしている脳に対して「ストップ」をかけていることになります。

人は「できないこと」に「嫌い」というレッテルを貼る傾向があります。実際は「できない」というのは、脳のその部分が育っていないだけのことですが、「できる」状態にもっていくよりも前に「嫌い」の一言で片づけてしまうほうが楽なのです。しかし、それを繰り返せば世の中は嫌いなことだらけになり、伸びるはずの脳も成長をやめてしまいます。

先ほどご説明した脳番地の中にある「感情系」は、こうした「好き嫌い」のレッテルを貼る場所です。「好きこそ物の上手なれ」といいますが、「好き」という感情をもって臨んだことのほうがより効果的に上達します。逆に「嫌い」と感じたものへの上達がなかなかうまくいかないのは皆さんも経験されていることでしょう。学生のときも、好きな先生の授業のほうが嫌いな先生の授業よりも耳に入ってきたはずです。「好き」という感情で始めたものごとが、その後も順調に上達していくのは、脳の成長システムと深くかかわっているからなのです。

脳には１０００億個以上の神経細胞が存在すること、そしてそれらはすべて成長したがっていることはすでにご説明しました。そもそも人間の細胞は脳の神経細胞に限らず、「生きたい」「成長したい」というポジティブなエネルギーを備えており、外界の敵から身を守り、栄養を取り込み、健康を維持しようと働いています。誰でも血糖値が下がって低血糖の状態に近づけば自然と「水を飲みたい」「食べたい」と感じることでしょう。それ自体が、細胞が生きようとする姿勢を持った前向きな本能である証拠なのです。

一方、細胞が自ら死滅しようとする「細胞の自殺」も存在します。実際に、自己の生体成分や細胞を「異物」と誤認識することにより、自分の細胞や組織を攻撃してしまうことで引き起こされる病気もあります。

この現象を脳に置き換えて考えてみると、人の脳は働かなくなると死にたくなるほうに傾きやすくなることが挙げられます。

特にマイナス感情は、脳の働きを止めます。すなわち、マイナス感情は死にたくなる気持ちに拍車をかけるのです。

しかし本来、脳が成長したがっていることを前提とすれば、脳が活動したがっている要因を増やし、逆にそれを阻害しようとする考えや行為は脳細胞にとって「異物」と捉えて排除することができます。「嫌い」「面倒くさい」「つまらない」などのネガティブな感情は脳にとっての毒です。負の感情で自分を攻撃すれば雪崩式に脳が劣化していくシステムが存在していると私は考えています。その代表的な例が、脳の神経細胞が死滅していき、脳が萎縮し、記憶障害などを発症する認知症です。

発症のメカニズムの全容は解明されていませんが、アルツハイマー型認知症になる人のリスク因子はある程度分かっていて、肥満、孤独、睡眠不足、運動不足、飲酒、喫煙、単調な生活などが挙げられています。これらは脳科学的に見れば、脳の成長を阻むマイナスの要因ばかりです。脳の成長願望を無視した生活を続ければ、脳が伸び悩むのはもちろん、ゆくゆくは認知症のリスクを高めることにもなるのです。まず自分の脳の成長を信じてあげることが、いかに大切か理解できるのではないでしょうか。

自分を信じられた人たち

私は脳科学者として「脳の学校」の代表を務めながら、脳内科医として、これまで１万人以上のＭＲＩ脳画像を分析・診断して、その一人ひとりがより良い人生を歩めるように、個々に合った薬だけに頼らない脳の処方をしてきました。障害を抱える子どもをもつお母さんから、億万長者の経営者、世界で戦うスポーツ選手まで、ありとあらゆる人と話してきましたが、ほぼ１００％の確率で、全員が加藤プラチナクリニックに来る前よりも、脳を成長させ、自信を身につけて巣立っていきます。うつに悩みいくら薬を飲んでも治らなかった人でさえ、私の治療を受けて笑顔を取り戻しているのを見ると、自分でも本当に脳の奇跡を目撃しているような気がしています。

しかし、私が患者さんに施しているのは魔法でも怪しい民間療法でもありません。ただ脳画像を見せ、強い部分、弱い部分を認識してもらい、問題点や悩みを解消するために必要な行動や脳習慣を指導するだけです。

あるとき、学校に行けなくなって半年以上たち、家族に連れられてきた男性が、私の外来で一言も話さずに帰ったことがありました。しかし、その男性は、次の日から正気を取り戻したように学校に行き始め、数か月後には、それまでのことがウソのように元気になったと後日伺いました。私は、自分の外来で、その男性の悩みを作り出している脳の番地を特定して見せたのです。そして、「もっと他の脳番地も使えるから、使おうよ」と話したのです。

また、ときには、あえて弱い脳番地にはしばらくふれず、強い脳番地を意識させ、強化することも指導します。

すでに、私にとって脳はブラックボックスではありません。

しかし、長い間、脳は得体の知れないブラックボックスのような扱いを受けてきました。人が悩んでも、ただ悶々とするだけで、その糸口を脳の中に見出すことができなかったのです。しかしＭＲＩ脳画像によって、実際にどの部分が弱く、それが表面的な悩みとなっているのかが視覚で確認できるようになりました。自分を動かし、ときに苦しめる、近くて遠い脳という存在が、自分の一部として認識できた瞬間、人は一気に自分を信じることができるようになるのです。

たとえば、話を集中して聞くことができず、突発的に行動を起こしてしまうＡＤＨＤ（注意欠陥多動性障害）の人は、総じて聴覚系脳番地が弱いため、聞くことに特化したトレーニングなどを提案します。子どもの場合は、自分でできるトレーニングと同時に、お母さんに声掛けのアドバイスをすることも忘れません。一番信じられる相手である母親の接し方で、その子どもが自分を信じられるかどうかが大きく変わってくるのです。視覚や聴覚など外から受ける情報で、自分を認識し、自信へとつなげられます。そして１年後、再びＭＲＩを撮ってみると脳の枝ぶりは驚くほどに変化しています。脳の長所、短所を視覚的に理解し、自分と周囲の人がそこにアプローチをしかけたことで、著しい成長が見られるのです。特に障害をもった人のなかには、自分の脳の形を変える潜在的能力を秘めている人が多く見受けられます。脳の中に使いにくい部分が多いからこそ、逆に使える感覚を味わったときに爆発的な成長が見られるのでしょう。

自分が抱いている劣等意識は、脳の使えていない部分が原因であることを自覚し、そこを意識して改善すれば必ず成長できます。それを信じるだけで人の悩みは大抵が解消することを、私は自分の経験から知りました。自分で見ることができなかった自分をMRI脳画像で形にして、自己承認のプロセスにそっと後押しするだけで変わります。自分を知り、自分を信じることが脳の成長の出発点となっているのです。

患者さんに限らず、私とともに働くスタッフもいつの間にか生きる自信を身につけていきます。毎朝行う朝礼では、ラジオ体操をしたり、自分の意見を発表したりする時間を設けています。そのテーマは時期によって違いますが、人に語り掛けながら自分を発見し、実際に脳の成長を目の当たりにすることによって、自分の芯を作り上げているのだと思います。みるみるうちに顔つきが変わり、自信にみなぎり、新しいチャレンジをすることに迷いがなくなります。

脳の成長は、タレントの成長と似ていると思っています。テレビに出てきた当初は、表情も冴えなくてパッとしなかった普通の少女が、ステージを何度も経験し、人にたくさん見られることで、だんだんと輝きを増していく様子は皆さんも見たことがあるでしょう。人に見られるという経験が自信につながり、顔つきまでも変えてしまうのです。

脳も同様に、見られるという経験が成長の栄養剤になります。ただ無意識に毎日を送るのではなく、その存在に光を当てて、意識的にかかわることで、普通の少女がトップアイドルになるように、脳も一流の顔つきを獲得していくのです。

学校では教えてくれないこと

何かを信じる力。これは、生きるにあたって非常に重要なテーマであり、人生の明暗を分けると私は思っています。にもかかわらず、学校では国語や算数などの答えのある勉強は教えてくれても、答えのない問題はむしろないがしろにされているのが現状です。正解が決まっていて、その正解を事前に知っていることが高く評価される現在の学校システムでは、信じる能力はおろか、社会を生き抜く強さを身につけることはできません。

以前「学校脳」と「社会脳」との違いについて著書『人生が劇的に変わる脳の使い方』

（ＰＨＰ研究所）で論じたことがありますが、学校で求められる能力と実際の社会で求められる能力には大きな相違があります。学校で良い成績を収められた人が、社会に出て失敗するというのはよく耳にする話でしょう。分かりやすい採点制度のある学校と、何が評価されるか分からない社会では、必要となる能力がまったく異なります。努力と結果が必ずしもイコールでは結ばれない環境のなかで、いかに自分の脳を柔軟に使い決断を下していくかが、社会人としての鍵となるのです。

こうした自主的な思考力の重要性は以前から叫ばれていたものの、いまだに教育環境は整っていません。しかし成人年齢の引き下げ論など、世間は見切り発車の形で、未成年たちに「信じる力」を強要しています。18歳選挙権を実施しても、まだ自分すら信じられない若者たちに、どの政党を信じるのかを問うのは少々強引ではないでしょうか。

それでなくても、18歳というのは人生の大きな分岐点です。

高校を卒業して、就職するのか、進学するのか、どんな職業を目指すのか。学校という温かな共同体のなかで守られていた時代から、一気に自分の決断が試されるようになります。

私自身も18歳の当時は迷いに迷っていました。高校時代はスポーツを一切やめても現役合格はかなわず、試行錯誤の末、二浪でやっと私立医大に合格することができました。脳を詳しく知る西洋医学の医師になるために医学部を目指していましたが、一方で、東洋医学や仏道修行などにも興味をもっていました。「東洋的な文化のなかに脳の秘密が隠されている」と仮説を立てていたのです。そこで、東洋医学か、西洋医学か、ブレブレに選択肢が揺れていました。結局、「どうやったら、東洋医学と西洋医学が統合できるのか？」をいくら考えても、「まずは大学に合格するしかない」となかなかスッキリできないのが迷いでした。それから30年が経ち気がつけば、「東洋医学と西洋の医学は脳で統一される」と考えることができるようになりました。

今、あの頃の自分に、信じ方や脳の使い方を助言できれば、もっと楽に青春時代を過ごせたのにと思います。そんな思いも抱きつつ、２０１６年、母校の高校へ講演に行きました。迷ってばかりだった高校生のときの自分が聞きたかった話を、自分なりにまとめて現役高校生たちに向けて一気に語りました。成績が悪かった学生時代、２年間の浪人生活、それでも脳科学者になれた私が提唱する脳の使い方。受験を間近に控えた高校生たちの心に、脳の可能性を信じている私の言葉は大きく響いたようです。講演終了後も、校長室に生徒が殺到して質問をするという、嬉しいハプニングが起こったほどでした。

それからしばらくして、さらに嬉しい報告を受けることとなります。なんとその年の、医学部合格率が、例年の3倍にも膨れ上がったというのです。もともと力不足を理由に医学部受験を諦めていた隠れ天才たちが医師を目指したことや、合格のボーダーラインにいた生徒たちが一気に成績を伸ばしたことが原因だといいます。登壇した現役医師の私が二浪した事実を知った生徒たちは、「自分もできる」「夢を諦めなくていいんだ」ときっと背中を押されたのでしょう。

ある程度の実力があるのに、何かが足りなくてどうしても一線を越えられない人たちはたくさんいます。その「何か」こそが「自分」なのではないでしょうか。迷い、失敗を重ね、学んでいくことは決して無駄ではありません。脳にとってはむしろ大きな栄養となりますが、これからの未来を生きる若者たちは、今まで以上に高い脳の力が求められていきます。私が経験したような無駄な回り道をせずに、違うことにその能力を生かし、科学技術や世の中の発展に貢献できる人間になってほしい。そんな願いをもって語った私の言葉が、彼らに響いたことは、非常に大きな希望を感じられる出来事でした。

学校の試験や入試では「正解を知っていること」が評価されますが、社会で生き抜くための決断に「正解」は存在しません。無数の選択肢のなかから自分にとって最善のものを選び抜くには、自分のなかにある「信じる力」が試されるのです。

脳を元気にする「信じる」

私が脳の研究を始めて30年以上が経ちました。脳科学という単語すらなかった時代から、1990年代に非侵襲でヒトの脳酸素や脳血流を測る技術が生まれ、そこから四半世紀の時を経て応用の時代へと突入してきました。そのなかでも昨今著しく伸びてきているのが、「ソーシャル・ニューロサイエンス（社会脳科学）」と呼ばれる分野です。社会的動物としてのヒトを、脳科学する学問で最近飛躍的に成長を遂げています。罪悪感と脳の関係、ADHDの研究、愛情が欠落したときの脳への悪影響、性転換した人の脳など、ありとあらゆるテーマに焦点を当てた文献が多く発表されています。

そのなかでも信じる人の脳に焦点を当てた興味深い研究も数多く存在します。たとえば、祈りを捧げることを習慣にしている人の脳と、祈らない人の脳の中身を見ると、前者のほうが圧倒的に脳の思考系や理解系に血流が上がっていることが実証されています。瞑想の熟達者の瞑想中の脳波を調べると、一般群と比べて脳の視覚系に異なった周波数の脳波が検出されるという報告もあります。さらには、瞑想が脳の記憶系の海馬を活性化して大きく成長する研究報告も増えています。

また、宗教だけではなく、政治信条をもつ人、もたない人の研究もあり、特定の政治信条をもつ人は感情を司る脳の部分が発達しているという報告もあります。政治家同士が感情むき出しで議論をする様子を思い浮かべれば納得してしまう話ですが、有能な政治家は感情だけでなく高い思考力も備えていることが大切です。

これらは、祈り方や何を思うか、どのように信じるかによって脳の働きを変えることを示唆しています。何かを信じると聞くと、心の問題に特化したり、また、きな臭いイメージがあるかもしれませんが、実は脳と密接なかかわりをもっているのです。祈りや瞑想を行う際に刺激される脳の記憶系、理解系、思考系は、いずれも認知症の症状に関係する脳番地です。逆にいえば、信仰や瞑想による脳の使い方を取り入れることで、認知機能の衰えを予防できるわけで、脳トレなどせずとも信じる習慣でそれがかなうのです。

政治や宗教に限らず、信じる対象は自分なりの哲学でかまいません。私の場合ならば、脳の限りない可能性を信じています。脳を使いこなせれば、人間は必ず幸せになれると本気で思っています。そのため、患者さんの脳が成長したことをＭＲＩで確認できたときには、「自分の信じた脳研究の道が正しかった」と感じて、その瞬間に脳がとてつもなく喜んでいるのが分かります。自分にとって大切な信じられる対象を見つけられるかどうかが、脳と自分の成長に大きく影響してきます。

プラシーボ効果という言葉をご存じでしょうか。薬として効く成分はまったく入っていないにもかかわらず、効くと信じてその錠剤を飲んだことで病気や症状が緩和されたり治癒したりすることを意味します。詳しい原因は分かっていませんが、脳の機能が大きく関係しているように思います。

ある健康食品の会社からの依頼で長年、脳の成長と認知症予防などについて講演の仕事を行っていますが、そこに集まる愛用者の方たちは一様に皆さん若々しい顔をしています。70歳、80歳の方でも、実年齢よりもずっと若く見え、快活です。第三者として客観的に参加者たちの様子を眺めると、その健やかな笑顔にいつも感心するのです。確かにその食品の栄養素自体にも価値はあるのでしょう。ただ、それ以上にその食品を信じて、毎日、健康になろうと活動を続けてきた行為そのものに意味があるように私は思います。毎朝プラスの効果を信じて摂取し、自分の体を見返す。その習慣が、脳習慣として定着して、脳をつねにフレッシュな状態に保ち、外見にも若々しさを与えているのでしょう。脳の成長願望を自ら後押しして、自分自身を健康にしているのです。

何かを信じて毎日それを続けることは、人生の後半を迎える50歳以降の人に特に勧めたい習慣です。脳の成長のピークは30代といわれ、「何もしなければ」そのまま下降線をたどっていきます。老いていかないためには、自ら行動することが、年を重ねると必要になってくるのです。

とはいえ、高額な健康食品や不審な宗教に大金をつぎ込むのは問題ですので、見極める力を存分に働かせてください。

半信半疑は脳に毒

これだけの情報とチャンスにあふれた現代に生きる人々は生まれてから死ぬまでずっと迷い続けることでしょう。しかしこの「迷う」という行為は、脳科学から見れば実に健康的なことだといえます。答えを求めて頭の中で思考が右往左往する状態なので、脳内のさまざまな道を通り、何も考えずに過ごしていたら使われることのなかった脳番地が刺激されます。しかし、迷ったあとは必ず出口を作ってあげなければなりません。脳にとって一番有害なのは迷わせた挙句に放置すること。失敗するにせよ成功するにせよ、一度結果を与えてあげなければ脳は学習できないのです。迷い続けていると、そのまま思考が脳内を行ったり来たりして、霧の晴れないようなモヤっとした状態が続いてしまい、脳のパフォーマンスを下げてしまいます。さらに、脳の働きは下がりすぎると死にたくなる気持ちが出てきます。

先の受験生の例のように、何事も自分を信じ切れるかどうかが、結果に大きな違いを生みます。自分の選択に不安を抱いたままでは、脳は本来もっているはずの実力を発揮してくれません。そしてその状態が慢性化すると、常に迷って思考が定まらない、「迷いやすい人」になってしまうのです。

ときには迷っていても、一度信じ切って行動してみる勇気が必要です。

たとえば2年間会社に勤めるとして、「どうせこんな会社にいても大きな仕事はできない」と考えながら働くのか、「自分のためになる仕事があるはずだ」と考えながら働くのかで、脳の成長度合いは大きく違います。もしもその会社が2年後に倒産したとしても、後者の考え方をもっていたなら、2年間地道に培った能力で次の舞台に挑戦できるはずです。一方、半信半疑のまま日々を過ごし、その会社に裏切られた場合、何も残らずにただ落ち込む結果になるでしょう。会社の倒産という同じ悲劇に遭遇しても、自分を信じられた人ならば次への一歩を踏み出すことができるのです。

かくいう私自身も一直線に歩んできたわけではなく、何度も壁にぶち当たって生きてきました。14歳で脳の研究がしたいと思い立ち、医学部に入学したものの5年経っても、確実に脳のことが分かる方向性はつかめていませんでした。26歳で医療の現場に立ちましたが、小児科医として多忙な日々に追われていました。そしてやっと27歳でＭＲＩの技術が脳の世界を開く直感を得ました。そして、3年後の30歳のときに、現在国際特許を取得している脳の個性を画像化する枝ぶり画像法の原案である、脳内ネットワーク機能画像法を発見しました。さらに、同じ30歳のとき、現在、世界の７００か所以上の脳研究施設で使用されている脳活動計測法「ｆＮＩＲＳ《エフニルス》法」を発見し、全く異なった2つの脳科学技術を手にして脳を研究する環境が整ってきました。

その後アメリカの研究センターで働くことになりましたが、渡米1年目にして大きな迷いが生まれたのです。私が考案した脳内ネットワーク機能画像法はまだ未完成で、技術的に大きな壁にぶつかっていました。さらに、研究を開始したばかりのBOLD法と呼ばれるMRIを使った脳機能イメージングの技術的な限界をふと悟ってしまったのです。それから6年以上かけて、迷いに迷って、決定的な医学的応用力がないと気づき、別の方向性を定めて歩んで行く決意をしました。しかし、やみくもに手放したのではありません。いくつか自分のなかで条件を出し実験を組んで検証した結果、自分の未来を手繰り寄せるためには信じるべき対象ではないという結論を導き出したのです。

突き詰めるべき道を失った私は原点に立ち返りました。未知なる脳を知るにはどうすればいいのか。知識が足りないために限界を決めているのではと疑って、一年間のすべてを調べることに費やした日々もありました。悶々と考えながら、「歴史上の偉人がもし現代の脳科学者だったら何をするだろうか」と想像力を働かせました。迷ったとき、すでに偉業を成し遂げた人の思考を脳内でシミュレーションすると、一筋の光が見えてくることがあります。

その結果、やはり人類の生きる根本である「個々の脳」に着目すべきであるという結論にたどり着いたのです。そして、脳の血流よりも酸素のほうが大事であり、個人の脳に感度が高いこと、このためには、BOLD法ではなく、fNIRS法しかないことに気がつきました。さらに、脳が日々成長する様子を脳画像で検出することが重要だと分かりました。MRIを使う場合には、BOLD法ではなく、形の成長で脳機能を検出する必要に気がついたのです。

そこで、30歳のときに手にしたfNIRS法と脳内ネットワーク機能画像法という最先端脳技術が、2つともまったく新しい脳の未来を拓くと確信して、現在へとつながる布石を打つことができました。

人が悩む原因はさまざまですが、数ある選択肢のなかから不要なものを排除し切れずに見誤っている場合が多いように思います。情報の取捨選択もその一例ですが、自分にとって本当に必要なポイントを見定めることが重要です。世間には、食いつくべきではない餌に食いついて失敗している人が多くいます。成功体験や居心地の良い環境などは脳にとってプラスではありますが、人は簡単に成果が出ると思うと、その一点に足を取られてしまいがちです。

たとえばノーベル生理学・医学賞を受賞した山中伸弥《やまなかしんや》教授は万能細胞の発見自体が最大

の成功なのではなく、遺伝子の組み換えによって細胞がもう一度リセットされるという仮説に着眼して一度信じてみたことが、成功の端緒だったのだと思います。自分を信じて一点に絞り込めるかどうか。何を信じてみるのか。なぜ、それを信じたいのか。そこに迷いから脱して成功できるかどうかの分かれ道がある気がしてなりません。

自分と向き合う内省力が道をつくる

つまるところ、悩んでも、迷っても、失敗しても、自分と自分の脳を信じられれば、人はどこまでも成長できると私は考えています。挫折だらけの人生と捉えるのか、試練に満ちた豊かな人生と捉えるのか。それは自分を信じられるかどうかに、すべてかかっているのです。

悩みを抱えていると、目先の問題解決ばかりに気を取られて自己を振り返ることが難しくなりやすいですが、本当は自分のなかにこそ、問題解決の糸口があるものです。自己を見つめ直し、行動と結果を検証する内省力は、一朝一夕には身につきません。私の場合は、少年時代のスポーツがそれを教えてくれました。

今でこそ脳科学者として人前で講演をしたり著書を出せたりするまでになりましたが、小学校の低学年までの私は典型的な落ちこぼれ少年でした。国語の教科書が読めず、先生の話も耳に入ってこない。外の景色ばかりを眺め、授業が終われば途端に元気になる。そんな学校生活を送っていたある日、担任の先生が母に「加藤君は知能に少し問題があるのではないでしょうか」と言ったことがありました。学校から帰ってきた母親が血相を変えて祖母に相談する様子を目にしたとき「お母さんを悲しませてはいけない」と強く感じたのです。とはいえ勉強を頑張ってもすぐには伸びません。そこで思いついたのが運動会で1位を取ることでした。

頭がうまく働かないなら体を動かそう。

そう決心して毎日自分なりのトレーニングに励みました。

海辺の町に住んでいたので練習場は砂浜です。走った足跡を振り返って、その位置、歩幅、歩数などとタイムとを検証し、少しでも速く走れるように自分で調整していきました。「足が曲がっているな」「体が曲がっているな」などと考えながら自分がやったことを必ず振り返りました。ゆっくりと体を動かしながら少しずつシミュレーションする練習も欠かせません。勢いでやるのではなく、体のひとつひとつの動きに注意することで、理解力を磨いていったのだと思います。

その結果、体育の成績はぐんぐんと上がり、運動会の徒競走では1位を獲得。中学校へ進学後は、砲丸投げの県大会で優勝するまでになっていました。

自分を見つめ直し、結果につなげていく力。スポーツが育んでくれたこの内省力が、医学部受験やＭＲＩ新技術の確立、ｆＮＩＲＳ法の発見など、その後の人生においても、私を大きく支えてくれたのは間違いありません。

学校の成績や会社での業績などは、あくまで他者評価です。誰かが決めた評価基準に振り回されているうちは、本当の意味での成功はありえないと思います。自分の最大のライバルは自分でしかないのです。

己を知り、鍛錬すると聞くと、精神論的なあいまいな話に感じるかもしれませんが、スポーツではそれがより具体的に体感できます。スポーツは筋肉を鍛えるだけでは強くなれません。脳を鍛えなければ抜きんでた結果を残すことはできないのです。少しの行動の変化が、大きな結果の違いを生むこと。その実感を脳に刷り込むことが、人を前に進ませる原動力になるように思います。

信じる者は救われる？

信じるという行為は、脳の成長にとっても、人生にとっても有意義なことは分かってきました。なんでも疑ってかかる人よりも、信じて一直線に突き進む人のほうが、人生で何倍も多くの実りを得られることでしょう。しかしここでひとつ注意したいのが、「妄信」という落とし穴です。

脳はひとつのことに集中したときに最大限のパフォーマンスを発揮してくれますが、一方で選択肢がない狭苦しい状態に追い詰められると動きが硬くなってしまうという性質をもっています。

講演を行った母校の生徒たちの話に戻りますが、彼らが本番で結果を出し切ることができたのは、自分を信じられたことに加えて、プレッシャーから解放されたことも、大きな要因だったように思えます。私のような脳科学者でも、現役合格はかなわず、二浪までしたという話を聞いて、「最悪落ちても浪人をすればいい」という心の余裕が生まれたのでしょう。医学部の試験は暗記勝負だけではなく、柔軟な考え方をもたなければ答えを導き出せない問題も多く、その数点の差が合否を分けます。自分の実力を信じつつも、プレッシャーや不安を感じずに試験に臨めたことが勝因だったのは間違いありません。

何かを信じて突き進むことは素晴らしいですが、あまりにも信じ込み過ぎて回りが見えなくなると脳は窮屈になって動きが悪くなります。私の患者さんのなかにも、宗教や会社、政党、または自分自身などを信奉している人が多くいますが、その度合いに応じて、広い視野を与えるように助言しています。信じているものを変えさせたり、否定したりは絶対にしません。自分という土台をしっかりもちながら、幅広い選択肢のなかで、信じるべきものを選ぶ。それがこれからの時代に求められる信じ方でしょう。

医師の信じ方がまさにそうです。ひとつの画像診断や血液検査の結果だけで、その患者の病状を決めつける医師がいたとしたら有能な医師とは決していえません。たとえ大半のケースで、その症状と病気が結びつくとしても、つねに頭の裏ではほかの可能性を捨てずに診断することが、医師として求められる姿勢です。１００人の患者を見て、それが真実に見えても、１０００人、１万人と対象の枠を広げていくと正反対の結論になることもあります。世界的な医療ネットワークを組んでより広い範囲で物事を見定めようという努力が、誤診を防ぎより的確な診断を下すためには欠かせないのです。

もうひとつ妄信のワナに陥りやすいのが、信じる対象と現実の落差です。

地下鉄サリン事件を起こしたオウム真理教のような宗教団体が分かりやすい例でしょう。現実の世界ではいじめられていたり、コンプレックスを抱えていたりした若者たちが、言葉巧みに誘い込まれた世界で安息を得たとしたら、その高低差は計り知れないものがあります。喉が渇いていればいるほど水が美味しく感じるように、不遇であればあるほど救ってくれた存在のとりこになる傾向があります。天と地のような大きな差を感じると、脳はその強烈な体験に魅了されてしまい、やがて判断力をも鈍らせて人を愚行へと走らせてしまうのです。

人や宗教、団体などを信じること自体はいいとしても、比べる対象をもたずに、限られた情報のなかだけで信じてしまうのは、人生を狂わす大きな危険性をはらんでいます。それにすがったり信じたくなるような場合には、必ず自分の脳に良くも悪くも原因があるのです。

それを忘れずに脳に十分な可動域を与えて、余裕のあるなかで自分の信念を築いていってください。

第2章

疑う力

信じないという選択肢

ここまでは信じる力の大切さを推奨してきましたが、一転、「信じない」という選択肢についても語ってみたいと思います。

私が科学者になってまず学んだことは、信じる前の事実確認の重要性です。

私は幼少期から人に言われたことに対しては疑念をはさまず、ありのまま受け入れて何でもやってきました。伝えられている物事を踏襲する文化で育ったため、それが自然で正しい在り方だと思っていたのです。しかし科学者になり、目の前にある事実は、見方次第でさまざまな側面をもっていることを学びました。既成事実のように見えることも、それが人の口から伝われば、大なり小なりそこに人の思想やバイアスが入りこんできます。「事実」と「思想」の切り離しは、科学者としてだけでなく人として不可欠の技能だと気づきました。

信じる力と同じくらいに、この「疑う力」が今求められていると思います。

さまざまな情報であふれるこの時代、目の前にある情報をなんの疑いもなく「事実」としてのみ込むことが、どれだけ危険な行為かは言わずもがなでしょう。事実に見えるものに対して、しっかりと目利きをして、判断する力が求められているのです。

すべてを信じて、すべて成功すればいうことはありませんが、残念ながら世の中はそう甘くはありません。家族や周囲の人に愛され、疑うことを知らずに育った私は、大都会東京に出てきてからは期待を裏切られてばかりでした。私立の医大生たちは、新潟の同級生とは同じ人間とは思えないほどかけ離れていましたし、それまで優秀ですごいと思っていた人たちへの信頼も、ことあるごとに打ち砕かれていきました。

ただ純粋に信じることを良かれと思っていた私は失敗を繰り返しながら、だんだんと疑う力を身につけていったのです。試験に受からなければ初めて自分を疑い、人にだまされれば初めて人を疑う。そうした経験によって、疑う力を養い、失敗を未然に防ぐ力も身につけていったのだと思います。

私が脳内科医、脳科学者として培ってきたものの見方は、現代の世の中を生きる上で重要なヒントになるものが多くあります。何かを信じていくためには、逆に疑う力をもつことが重要です。私が実践しているいくつかの秘訣をご紹介しましょう。

1%の不確かさを疑う目をもて

この世の中には、一見漠然としたものが多く、答えが出ずに迷うかもしれません。しかし、私が脳科学者としてたどり着いた結論は、「不確かなものは1%しかない」ということです。人が確実な答えを出せない不確定要素は、実は1%しかなく、そのほかの99%のことはすべて、事実に置き換えられます。私はその考え方で、人が「心だ」「心理学だ」と思い込んでいる事象を、脳科学に置き換えて証明してきました。冷静に事実を見極めて並べてみると、99%の答えはすでに出ているのです。さらにここで大事なことは、まず、人に認めさせるのではなく、自分に対する答えとして証明するのです。自分がとことん納得できるまで事実確認をすることです。

たとえば、現在、私は世界で唯一、誰も成し遂げたことがない脳個性鑑定ができると公言しています。しかし、人に向かって言う前に、少なくとも10年は寝かして、自分と格闘して、「ウソではないか？」と疑いの目でやり続けてきました。そして、ことごとく、ウソの仮説は裏切られ、私自身が見出した脳画像診断の世界は、確信になり、日本人の1億人からそれは違うと疑われても、一人で正しいといえる状態になりました。そこで、公表することを自分にＯＫしたのです。

ときに、このような自分に対する疑いの目は、ほかの分野でもあるのだろうかと考えると、たとえば、２０１７年末から世間やメディアをにぎわせている、大相撲の問題もそうです。

被害者の診断書も出ているので、誰がどのような形で責任を取るべきなのかは、医学的事実に基づけば自動的に割り出せます。相撲は日本の国技であり、その横綱を失うことに対する国民感情や経済的損失は分かりますが、これは周囲が議論をして決めるべき問題ではありません。ひとつの暴行事件であり、警察にその判断を委ねる以上、周囲の人間がとやかく言うべきではないのです。その意味では、貴乃花《たかのはな》親方が一切を警察に任せて、自らの口を閉ざしたのは、理にかなった適正な行動であったように思います。

少し話がそれますが、日本は利益相反（conflict of interest）に対する認識が甘いように感じます。利益相反とは、医療関係者や弁護士など、信任を得て職務を行うべき立場にいる人物による行為が、職務上の利益と、そのほかの立場における利益とで衝突を引き起こすことをいいます。医療の現場では、かなりシビアに捉えられているので、最近では学会に行けば冒頭で「利益相反はありません」という断りの一文を言うことが慣例となっているほどです。研究内容が純粋な科学の発展のためではなく、どこかの企業との利害関係から生まれたものである場合もありうるため、そうした疑惑を先に否定しているのです。

業界の関係者同士で話を進めれば、当然こうした利益相反が生まれるリスクがあります。一方の利益を差し置いて、もう一方との便宜を図るような行為を避けるためにも、関係者との接触を控えるのは、正しい判断だといえるでしょう。人の判断を鈍らせるこうしたリスクを先に回避することが、事実をまっすぐに見つめるためには欠かせないのです。

いずれにせよ物事を考えるにあたって、事実関係を明らかにし、不確かな範囲をせばめていくと、信じるか、信じないかが問われるのは、１％にまで絞られてきます。ただ漠然と悩むのではなく、99％まで事実を突き詰め、最後の１％に自分の思いを託す。この思考方法を身につければ、脳内が整理整頓され、すっきりとした状態で、物事を的確に判断できるようになります。

悩む対象が減れば脳は働く

悩みとは、解決できない問題を解決するために頭の中で右往左往する行為と言い換えることができます。脳内で思考が迷走するときも、その通り道が迷宮のような迷路なのか、区画整理されたきれいな道路なのかで、答えにたどり着くまでの時間は大きく変わります。悩むべきではない対象に、頭をひねらせるのは時間の浪費です。情報をきちんと取り込み、本当に悩むべき問題だけに思考をめぐらせ、最終的な決断を下すことが重要なのです。

脳は情報を基に思考しますが、情報がない状態では、その隙間を埋めようと「妄想」を始めます。分かりやすい例が恋愛です。付き合い始めの恋人や、会ったこともないスターが気になって、仕事が手につかないほどその人のことで頭が占拠されてしまった経験はありませんか。これはまさに相手に関する情報不足が原因で、脳が暴走している状態です。「知りたい」「近づきたい」という強い欲求はあるのに、情報が乏しいため、脳内では思考が右往左往し、妄想を始めているのです。ある程度時間が経ち、相手のことを知ると、落ち着いた状態で評価できるように、情報量と脳の思考力は比例しているのです。

恋愛を例に出しましたが、これは人生のあらゆる場面においても同じことがいえます。受験、就職、転職、結婚、離婚など、悩んでもなかなか答えの出ない人生の岐路はいろいろありますが、漠然と「どうしようか」と考えるのではなく、事実を洗い出し、本当に悩むべき対象だけに思考を絞った上で、事実と不確定要素を基にシミュレーションをすれば、ありえるシナリオはある程度限られてきます。たとえ結果が裏目に出たとしても、ただ勢いで決めたときよりも、より納得のいく決断ができるはずです。

また、脳内のこの動きとよく似ているのが、マスコミの過熱報道です。最近は政治家や有名人の不倫報道がやたらとテレビで取り上げられ、記者たちはあれやこれやと妄想を働かせてシナリオを推理しています。正直、誰が誰と浮気をしようと興味はないのですが、情報が少ない分、世間の想像が暴走して、あることないことが報道されているような気がします。実際に何があったかは本人たちにしか知り得ないことであり、それを信じるかどうかは、本人たちの配偶者が考えればいいだけでしょう。

最大限まで事実関係を整理すると、悩んだり、考えたりすべき対象に順位付けすることができます。そして、今すべき一番に絞ることで、脳は余計な労力を使う必要がなくなり、冷静で高い思考力を発揮してくれます。優柔不断、決断力がない、悩みやすい、そういったコンプレックスを抱えている人は、すでに事実が明らかになっていることが見えておらず、無駄に足を取られている場合がほとんどです。

人を信じるべきか

私は人をすぐには信用しません。

信じる意義について語っておきながらこう言うと肩すかしをくらったように感じるかもしれませんが、それが科学者として私が培ってきた姿勢です。目の前にあるものをあるがままに信じ込んでいたら、科学は発展しませんし、科学者として生き残ることはできないでしょう。

半世紀以上生きていれば、出会ってきた人すべてが聖人君子のように清い心をもっているわけではないことは分かります。こちらが好意的に接しようと思っても、敵意をむき出しにされたり、ウソをつかれたりすることは必ずあります。しかしそのたびに「裏切られた」と悲観的になって絶望感にもだえ苦しむようなことはありません。

信じて裏切られたとうなだれる人は、信じ方のコツを心得ていないのだと思います。

人の脳を信じるのです。

私は誰かに裏切られたとき、「相手の都合が悪くなった」と考えるようにしています。約束をしたのに守ってくれなかったり、親友のような顔をして陰で陥れようとしてきたり、そんなことは経験していますが、むこうの都合が私を裏切らざるをえない状況に変わったのだと思うようにしたのです。なぜ、相手は私を裏切らなければならなかったのだろう。そう冷静に考えると、感情的にならずにより客観的な事実に目を向けられ、相手の事情もくめるようになるのです。きっと約束をした時点では裏切るつもりはなく、状況が変わったことによって、私の望まない対応を向こうが選択せざるをえなくなったのだと考えると、気持ちも楽になります。

　そもそも別の人間なのに自分の期待通りに動いてくれると思うから失敗するのであって、予想とは違う行動をされたら「仕方ない」あるいは「想定内の一つ」と割り切れるくらいの事前の心づもりが必要だと思います。だまされやすい人、裏切られて過剰反応する人は、他人も自分と同じように動くと思い込んでいる人が多いように見えます。相手に過剰な期待をしないことは、疑心暗鬼になるのとは違い、本当の意味でその人のありのままの脳を信じるためのプロセスなのです。

点より象で人を見る

すぐに相手を妄信しないこととあわせて私が実践しているのが、人をある一定の期間のなかで見つめることです。自分に親切にしてくれたり、一度会って楽しく過ごせたりした人でも、その場ですぐに信じるのではなく一定の期間をもって判断しようとします。良かったときや悪かったときの「点」で人を判断しようとすると、必ず思わぬ結果を招きます。その「点」が、その人の人格を代表するような出来事ならばいいのですが、必ずしも人の人格が安定しているとは限りません。それが脳の揺れ動く性質です。その「点」を長い目で見ても、その人を表す言動であったと落ち着いて判断することが、脳の揺れ幅を勘案することになるのです。

自分にとって良いことでも悪いことでも相手の言動はいったん受け入れます。信じるのではなく、あるがまま自分をクッション代わりにして仮置きするのです。その後自由に行動してもらい、様子を観察しているとほぼ必ず点と点のあいだに矛盾が生じてきます。優しいと思っていた人が、他人には意外と意地悪な考えをもっていたり、逆に仕事では厳しい人が家族思いだったり。一点だけで判断していたら決して気づくことのなかった意外な一面が必ず現れてきます。私はそこから人を信じるかどうかを判断しています。その矛盾ともいえるギャップが自分にとって好ましいものや許せる範囲のものならばその人を信じていこうとします。

逆に一見親切だった人でもあまりに乖離《かいり》した面を見せたときは、警戒するようにしています。人間はそもそも相手に会う回数が増えるごとに「信じたい」と潜在的に願うものです。積極的に信じようとして人を見ていると相手の良い点だけに気を取られて思わず足をすくわれてしまうのです。信じたいならばなおさら、相手が答えを出すまで待つことが大切です。私はこれを人付き合いの基本方針の一つにしています。

右脳で信じる

そもそも人を信じるといったとき、私たちは人のどこを信じているのでしょうか。その人の言葉、行動、環境、地位など明確な判断材料のこともあれば、「なんとなく」というあいまいなものもあるでしょう。実は私たちはこの「なんとなく」で人を信じている部分が非常に大きいのです。

あなたが今一番信頼している人を思い浮かべてください。親、配偶者、子どもなどの家族や、友人や同僚や上司、または会ったこともない有名人かもしれません。相手は誰でもかまいませんが、その人が前回話したことを一字一句覚えているでしょうか。どんな話をしたかは覚えているかもしれませんが、具体的にどんな言葉を使い、どんな話題でどんな考えをもっていたか、今正しく再現することはできないはずです。思い出そうとすればするほど記憶はぼんやりとして、イメージのような印象だけが浮かんでくると思います。これが人間の記憶力の危うさなのです。

記憶力は人によって差がありますが、相手の言葉を完璧に覚えられる人などほとんどいません。映画「レインマン」の主人公のようなアスペルガー症候群の人は、興味のある特定のことに限って天才的な量の記憶を蓄えられる一方、人の心の機微に気づくことができずにコミュニケーションの面で非常に苦労します。感情が作られる扁桃体《へんとうたい》に問題があるため、彼らは基本的に「事実」だけしか見ることができません。その人が放った言葉、事件が起こった年月、数字など、揺らぎのない事実を好み、それ以外の「なんとなく」存在するものを理解しにくいとされています。しかし、通常人はコミュニケーションをとるとき、言葉を使いながらも、言葉にはならないものを、相手の印象として記憶にためているのです。

言葉に依存するか、言葉以外のいわゆる非言語と言われるものを重要視するかは、右脳と左脳の違いによります。基本的に左脳派といわれる人は、言語能力に長けています。言葉を紡ぎ出したり、言葉を基に物事を考えたりするのが得意です。一方右脳派といわれる人は言語よりもその周りに付随するイメージ力に頼りながら会話をします。言語の記憶力よりも視覚的な記憶力のほうが強いため、言葉で解決しようとするよりも、相手の表情やその場の空気などを見てコミュニケーションを進めていきます。先の「レインマン」のようなアスペルガー症候群の人は、この右脳の機能に障害があるので、こうしたあいまいなコミュニケーションが苦手なのです。

私たちが出会う人のなかには当然ながら左脳派も右脳派も混在しています。誰もが違う脳の構造をもって会話しているので、一見同じような言葉を使い、同じような話題を進めているように見えても、実は頭の中での捉え方が同一になることはありえないのです。

そう考えれば人と話をして誤解が生まれるのは当然ではないでしょうか。「言った」「言わない」の不毛な議論が生まれるのも、人の記憶力の弱さの表れなのです。そんなあいまいな記憶に頼りながら私たちは人を信じるかどうかを判断しているのです。

人を信じる力を磨きたい場合は、言葉も非言語の力も両方を鍛えていかなければなりません。言葉は思っていることの氷山の一角でしかない上に、私たちの記憶にとどめておけるのは、さらにそのうちのわずかな量なのです。そしてその記憶がこぼれ落ちた脳内の隙間を埋めるのが、非言語を理解する力なのです。

人間同士がまったく違う脳をもちながら、互いを信じ合う行為自体が、実は奇跡に近いほど難しいという認識が大切です。

だまされやすい人

何かを信じるにはそれなりの理解とコツが要ることはお分かりいただけたでしょうか。無邪気に万人を信じられるような美しい世界であれば言うことはないのですが、残念ながら信じるべき相手、信じるべきでない相手が存在するのがこの世のせちがらいところです。そんなことは分かっているとタカをくくる人も、一度はだまされた経験があるのではないでしょうか。ここで脳科学的に人が「だまされる」過程を説明したいと思います。

「オレオレ詐欺」や「振り込め詐欺」などは、連日テレビや雑誌で報道され注意喚起されながらも、いまだに被害を受ける高齢者が後を絶ちません。従来の詐欺も手が込んでいて巧妙でしたが、このオレオレ詐欺は電話というツールを使って、人間の弱いところをうまく利用したものだといえます。

人は脳内に弱い部分があるとそこから信じやすいという性質をもっています。たとえば聴覚記憶が弱いビジネスマンは、交渉においても耳で聞いただけで良し悪しを判断してしまい、深く考える前に二つ返事してしまうという失敗をすることが多いでしょう。大切な局面では、耳で聞いたことを覚えて、自分のなかで反芻《はんすう》し、相手に確認するという行為が不可欠ですが、聴覚記憶が弱いために、そこをおろそかにしているのです。脳の聞く力の弱さで失敗した人といえば、2017年の総選挙で、希望の党に民進党の全員が入れると勘違いした党代表の前原誠司《まえはらせいじ》さんを、つい思い浮かべてしまいます。彼も非常に重要な交渉であるにもかかわらず、相手の言葉を理解した気になって自分の都合のいいように解釈してしまったのではないでしょうか。

相手の話の中に、自分の信念を見つけた時に、つい疑うことを忘れて失敗が起こりやすくなります。これだと思ったら、人の脳は、それにすべての言動を結びつけたくなるものです。

これは、多くの人に起こる脳の記憶のメカニズムです。自分が持っている信念という名の強い記憶の塊を相手の言動に見出した時、共感性が高まります。しかし、この共感性が永続するかを、脳は保証しません。誰の脳も環境の影響を絶えず受けているからです。共感したとしても、都合の悪いことはいくらでも存在するのです。

脳は自分の信念だけで動くわけではなく、環境からも影響されて動かされていることを忘れてはならないのです。

脳の聞く力とは、耳から聞いたものを自分の脳にためて理解し、それを思考やイメージをする脳のほかの部分に回すことができる力です。聞く力が強い人は元来学習能力が高いのが特徴です。さほど勉強をしていないのに学校での成績が良い人は、授業中に先生の言っていることを耳から上手に吸収して自分の知識に変えられるのだと思います。小さい頃には知識の詰め込みよりも、この、脳の聞く力を鍛えたほうが将来的には「頭の良い人」になれるのは間違いありません。しかしながら、この聴覚の記憶力は放置していれば加齢とともに衰えていく部分でもあります。身体の一部である聴覚器官が劣化するという意味ではなく、耳からの情報に対する理解力、記憶力が落ちてくるのです。
人は能力が欠けている部分を別の何かで補おうとします。そこがオレオレ詐欺の落とし穴です。日常のなかに突然割って入ってきた電話から、まくしたてられるように語られる異常事態。普段なら自分の息子の声くらい区別できるはずなのに、事態がのみ込めないという無力感からなんとか逃れるために、息子の声ではないという認識すら脳が無視してしまうのです。あとは犯人が話す言葉の矛盾に気づくこともなく耳から聞こえたままに行動してしまい、気づいた頃にはお金を振り込んでいるというわけです。すべての事情が納得いくように説明されなくても、言及されていない部分は自分の都合のよい妄想で補って、自らの行動を正当化してしまっているのです。

目から情報を得る視覚系の記憶力が弱い場合は、その場の空気や相手の表情が読めないために失敗することが多いでしょう。先ほどの前原さんの例なら、自分との共通点に注意を注ぎ、希望の党の代表だった小池百合子《こいけゆりこ》さんのしたたかな表情に隠れた「人生後半の成功の定義」に気づけなかったのが敗因です。小池さんは自分の人生後半の道を貫いたのだと思います。人が後から聞いて客観的に判断すれば「どうして確認しなかったんだ」と寄ってたかって批判できますが、案外私たちもあいまいな状況で結論を出してしまうことが多々あります。

たとえば身近な例でいえば、半額シールの魔力です。夕方スーパーに行き「半額」と書かれた赤いシールを見た瞬間に思わず手が伸びてしまう人は少なくないでしょう。それが本当に欲しいのか、実際に半額以上の価値のあるものなのかを深く考えず、視覚的に引き寄せられて買っているのです。スーパーの生鮮食品ならお財布はそれほど痛まないでしょうが、高級な美顔器や宝石などをその場の雰囲気で購入してしまう人も視覚的な情報をきちんと収集できていないことが原因といえます。

信じてだまされる人は、まず視覚や聴覚からの情報収集力を磨く必要があるでしょう。きちんと正しい情報を集められなければ適切な判断が下せないのは当然のことなのです。

信じる人、信じない人

すぐに何でも信じて行動してみる人と、なかなか信じずに腰の重い人とがいますが、両者の違いは、動機づけ（モチベーション）の度合いにあります。動機づけとは、外からの刺激に反応して、脳が能動的に動こうとする働きですが、人によって刺激の受け取り方が異なるため、それが表面上の行動の差異に現れるのです。

この動機づけのスイッチを支配しているのは、大脳基底核《だいのうきていかく》です。一度動機づけられるとドーパミンなどの快楽物質が脳内に分泌されて大脳基底核が刺激されます。これがくせになればやる気にスイッチが入りやすい人になるというわけです。成功体験の多い人がつねにアンテナを張ってフットワークが軽いのは、脳がそれを求めているからなのです。

逆にコカインなどの麻薬物質も一度覚えてしまうと、なかなか忘れることができません。麻薬物質は、大脳基底核や小脳核の細胞を刺激します。普段の生活で、ちょっとした刺激では起こらない過度な細胞の興奮によって、麻薬の映像を見ただけでも刺激となり、快楽にまた手を出してしまうという恐ろしい連鎖が起きてしまうのです。危険な薬物に手を出してはいけないのは当然のことですが、この脳のもつ動機づけの作用を逆手にとり、自分のためになる刺激と経験とを結びつけられれば、能動的に前向きに生きていくことができます。

ＡＤＨＤやＡＤＤ（注意欠陥障害）では、動機が欠乏しやすいために、トラブルを起こしやすく、動機づけをしやすくなる投薬が行われます。しかし、これも麻薬同様、依存性があるので、薬に頼らなくても自分で、脳内を揺さぶるような強烈な体験をすることで引き金を作れるようにする習慣が重要です。

人間の強烈な体験の代表のひとつが出産といえるでしょう。女性が、普通の女性から母親になり子どもを心から信じられるようになるのは、出産という一大イベントを経験しているからです。出産をすると、脳内でオキシトシンが視床下部で作られ、下垂体後葉から分泌されます。愛情ホルモンとも呼ばれるオキシトシンは、産んだ赤ちゃんに対する強い愛着を生み出し、出産体験を通して、ひとりの女性から母親に変われるのです。

女性には到底およびませんが、男性も出産の経験を共有することで父親としての自覚をもつことができます。私はアメリカで長男と次男の出産に立ち会いました。日本では未熟児新生児の医療現場で活動していましたが、日本とアメリカでは勝手が違い、出産時間も長く大変な思いをしました。結果、二人とも無事に生まれてきてくれましたが、長男の出産では赤ん坊の命も、母の命も危うくなる事態を経験し、父親としては二度と繰り返したくない強烈なスタートとなりました。できれば苦労なく生まれてくるのが一番ですが、こうした身の震えるような体験がひとつの重要なイベントとして脳内に刻み込まれ、心から子どもを愛し信じるシステムが私のなかにできあがったのだと思います。

　また、出産のような大きな経験を誰かと共有することで、お互いが信じられる者同士の心地良い集団を生み出すことができます。

　出産ならば「家族」というひとつの共同体ができあがる瞬間といえるでしょう。血を分けた子どもとの絆が生まれるのは当然に聞こえるかもしれませんが、元来他人同士だった夫婦にとっても強固な結びつきとなるのです。

　宗教ならば礼拝や集会が、政治家なら選挙や議会などがそれにあたります。コンサートは、アーティストを信じる者同士がひとつに集まり、その信じる心を盛り上げて確かめる場です。アーティストとファンの相互作用だけでなく、ファン同士の心がつながる空間でもあるのです。

　また、結婚式を挙げたかそうでないかが離婚率に大きな影響を与えるという調査もあります。結婚が続いている既婚カップルの約6割が結婚式を挙げたと回答していますが、離婚カップルの8割が結婚式を挙げずに入籍のみで済ませたというのです。これには金銭的な事情も絡んでくるので一概にはいえませんが、大事な日をともに過ごし多くの人に祝福されるという経験がその後の信頼関係に大きくかかわっているのは間違いないでしょう。

信じるかどうかを検討すらしない人は、こうした誰かと共鳴できる場を、自発的にもつことが大切です。結婚や出産のような大きな人生経験でなくても、たとえばスポーツ観戦でチームの応援に熱を入れたり、地域の行事に参加したりするだけでもいいのです。ひとつの目標に向かって仲間と同じ気持ちをもつだけで、モチベーションを点火させる難易度が下がってくるはずです。

ウソつきの正体

あなたは最近ウソをつきましたか。たとえば、奥さんに残業と言いながら、飲みに行ったり、会社に遅刻した理由をごまかしたり、日常を見返せば意外とさまざまなシーンで何気ないウソをついているかもしれません。

そもそもウソとはどのような行為なのでしょう。ウソの定義は、「真実を知っていながら、その事実を隠し、ニセの情報を用意して、相手にそれを信じさせる行為」です。ウソをつくと一言でいうと簡単に聞こえますが、脳を働かせて意外と多くのステップを踏んでいることになります。脳の視点から見ると、あることをないと言い、ないことをあると言う行為といえます。つまり脳が記憶している事実を、口や行動で否定するわけであり、人にウソをつくときは、同時に自分の脳にもウソをついているのです。

脳は自分で記憶しているのとは違う動きを強いられるので、ある種の混乱を起こします。自分の記憶を否定するので記憶力がダメージを受けたり、思っていることとは違う行動をするので右脳と左脳のバランスがおかしくなったりと、脳にとっては迷惑なことばかりなのです。

脳番地のひとつである感情を司る感情系は、右脳と左脳の両方に存在します。右脳の感情系は主に、他者からの感情を受け取る場所です。「この人、なんとなくいい感じ」「なんか怪しい」といった他人から影響されて感情が生まれるのがこの右脳の感情系です。一方、左脳の感情系は自己愛を司る場所といえます。「自分はこれが好きだ」「自分はこう感じる」といった内向きの感情が明確に現れる場所です。

平気でウソをつく人の傾向として、右脳の感情系が弱く他人の本心には鈍感で、左脳の感情系が発達していて自分の気持ちを通したいというアンバランスな脳になっている場合が多いです。

人がウソをつくとき、脳は非常に効率の悪い動き方を強いられ、脳の正しい記憶が妨げられます。間違った脳の使い方をするので、よくウソをつく人は、それが人相に表れてきます。思い浮かべやすいのが政治家でしょう。本音だけで生きられない政治の世界では、建前ばかりを口にするようになってきます。思ってもいないことを口にして、平気でウソをついているのです。これを毎日のように行っていると人相が変わってきます。口は笑っているのに目が笑っていなかったり、普通の表情をしていても左右にはっきりとした違いのある政治家の顔が具体的に思い浮かぶのではないでしょうか。

また、ウソとは自己防衛の究極の形だといえます。不都合な環境に合わせて自分を守るために、自分の都合の良い情報にすりかえる。たとえば、子どものウソを思い浮かべてみてください。罪悪感を抱きながら高度にウソがつけるのは小学生以降ですが、小さな幼児も、ときにウソをつきます。「○○ちゃんが叩いた」「オシッコをもらしてない」など、小さな自分を守るために、かわいいとも思える稚拙なウソをつきます。これはすべて人間が本能としてもっている自己防衛の始まりなのです。子どものウソならばかわいいで済まされますが、大人になってから自分本位の身勝手なウソをついてしまうのは、相手への思いやりを司る右脳の感情系がきちんと育っていないためです。

逆にウソを見抜けない人は、こうした視覚的な情報を取り入れるのが苦手な場合が多いでしょう。人はウソをつくときに、脳が望むのとは違うことを行うので、必ず不自然な所作が現れます。手を異様に動かしたり、足を揺らしたり、目が泳いだり。こうした小さな動作を見逃さなければ、相手のウソも簡単に見抜けるようになるかもしれません。

また、ウソが成立するのは、必ず限られた条件のなかだけです。完全なウソはほぼ存在せず、情報が部分的であるからこそ成り立つものがほとんどです。時間を置いて、情報を集めれば、おのずとウソは破たんします。政治家や有名人の言動を見てシミュレーションすれば、ウソを見抜く力がつき、現実世界でもウソに振り回されることがなくなるはずです。

第3章

選ぶ力

染まる時代から選ぶ時代へ

脳の成長にとって情報は不可欠です。どんな大人も、情報を自ら取り込むことのできなかった赤ん坊の頃があり、その後、幼児、小学生、中高生と少しずつ情報を脳の中に取り込む術を学び、蓄積させ、自分という個性を築き上げています。視覚系脳番地のある後頭葉、聴覚系脳番地、記憶系脳番地が位置する側頭葉で情報を収集して、理解系脳番地のある頭頂葉で情報を組み合わせて理解していくことで、ただ周りに転がっていただけの情報が、脳の中のシステムを通して新しい知識になり血肉となり、脳の認知機能を高めてくれるのです。そうした学びのプロセスを通して私たちは大人になり、だんだんと「頭を良く」していっているのです。

ならば、情報にあふれたこの時代の恩恵にあずかればいいと思うかもしれませんが、残念ながらインターネットの情報は、脳の栄養になるような良質なものばかりではありません。インターネットに限らずメディアで流される量と重要性は決して比例しているわけではないのです。

さまざまな思惑や作為がそこにあることを理解した上で主体的に自分にとって必要なものだけを取捨選択していくメディアリテラシーが今こそ求められています。インターネットはあくまで参考にするものであり、信じる対象ではありません。しかしこの環境に慣れすぎて感覚が麻痺しているのか、そんな単純なことすら忘れてしまっている人が非常に多いのです。

外界とシャットアウトしてテレビもパソコンもない山奥で仙人のように暮らすことを勧めているわけではありません。私は科学者ですから、これまで知り得なかったような異分野の情報がインターネットで手に入る現代の社会をありがたく感じ、これからの可能性にも大きな期待をしています。ただ周りに翻弄されないために、自分の信じるものにしっかりと軸足を置きそこからブレないようにしているのです。

情報の濁流にのみ込まれないようにするには、必要なものを必要なだけ取り入れる技術が不可欠です。目の前にある情報をそのまま受け入れていると、あっという間に環境に洗脳されてしまいます。脳は本来、受動的で楽な回路を好む性質があり、そういった脳の使い方に慣れるとなかなか抜け出すことができません。

私たち大人は幸い、この未曽有の情報氾濫時代に突入する前に青春を過ごしさまざまな取捨選択をして生きてきました。ほとんどの人が能動的に物事を選び抜く脳内システムを備えているのにもかかわらず、ここに来て肥大した情報ソースの出口であるインターネットやスマホという麻薬のような大敵と出会ってしまったのです。くだらないニュースを閲覧し続けたり、友人たちとSNS上で会話し続けたりしていると、気づけば一時間二時間と経っていることも少なくありません。

日常的にこれをしていれば時間の無駄であることはもちろん、せっかくこれまで育ててきた脳の可能性を殺しているも同然です。普段使わなくなった脳の劣化を急速に早めて、将来認知症になるリスクを自ら上げているともいえます。またネット上での動きや反応に一喜一憂し気をもむようになれば、自分が何を信じていいのか迷いが生じてきます。

そこで大切になってくるのが「何を選んで信じるのか」をもう一度自分に問いかけ、必要なものを選ぶことだと思います。今は「信じられないもの」に自ら飛び込んでいるのにもかかわらず、「何も信じられない」と嘆いている人があまりにも多いように見受けられます。

情報が増えてくると、それだけ人々の考え方が多様化するように思いますが、実際は全体が均一化する方向にいきやすくなります。昔は地域や文化ごとに考えや風土が決まっていましたが、横のつながりがなく、全体で見れば個性にばらつきがあったのです。現在は、いくら選択肢がたくさんあっても、全世界に同じような情報が流れ、一斉に意見が交わされるシステムができています。少し気を抜けば全体主義に流れてしまうような危険性をはらんでいるのです。今こそ「個」をもって「信」を貫く姿勢が求められています。

言葉は心か、記号か

言葉を司るのは主に左脳で、それ以外の言葉にならない非言語を理解するのが右脳だとご説明しました。コミュニケーションにとって、言葉自体も、それ以外の非言語の存在も、どちらも同じくらい重要です。しかし最近は、インターネットの普及とメディアの多様化により言葉だけが独り歩きしているような惨状が見受けられます。

人がいて、人間性があり、言葉が生まれ、そこに言霊が宿る。そのすべてを包括した存在を私たちはひとまず「言葉」という名前で便宜上呼んでいるだけですが、「言葉」から受け取るイメージや知識や情報は個人でまったく異なります。だからこそ小説を一冊読んでも、感想は決して一様にはならないし、そのストーリーの意味すら人によって解釈が変わってくるのです。緻密にひとつひとつの言葉が練られた小説をゆっくりと時間をかけて自分なりの意味に吸収することが本来の言葉の楽しみ方であったのが、最近ではより多くの情報を得るためのツールになった言葉。もはや言葉というよりも「文字づら」だけが人々の目に映し出されているような気がしてなりません。これまで自分の言葉を他人に公開するというのは、一部の著名人や作家たちに許された特権でした。私たちが目にする言葉はある程度の関門をくぐり抜けてきたプロフェッショナルな送り手たちによるものだったのです。しかし、SNSやインターネットにより、一般の人が言葉を他人に、そしてややもすると全世界に発信できるような社会になりました。それ自体は、これまで声を上げられなかった人たちに発言の場を与えることであり、チャンスの幅を広げるすばらしい可能性だと思います。しかしその大量生産のおかげで言葉ひとつひとつの重みは確実に軽いものになってしまいました。

言葉の大量生産の舞台の代表格がツイッターでしょう。アカウントさえ開けば、全世界の人に向けて言葉を発信することができるのです。非常に大きなチャンスではありますが、自分が何者かも確立していない人が自分を築きあげる前に、発信する快感を覚えてしまうという危険性をもち合わせています。

少し前になりますが保育園を落ちた母親が「日本死ね」とネット上に書き込みをして話題を集めました。現在のワーキングママたちの心の叫びがこの4文字に凝縮され、多くの母親たちの共感を呼び、「日本死ね」はわずか数か月のあいだにツイッターなどを中心にして急速に拡散されました。やがてそのブームに乗るように待機児童の問題への刺客として国会でも政治利用され、しまいには「保育園落ちたの私だ」と書かれたプラカードをもった母親たちが国会前でデモをするという事態にまで発展したのです。そもそもは匿名のブログで発信された言葉に対して、さまざまな立場の人間が異なる気持ちや異なる目的をその言葉に乗せてきた結果でした。その後ブームは共感と反感の両方をはらみながら収束していきますが、やはり「日本死ね」という語気の強さは、いろいろな意味をもって人々の心に突き刺さったままどこかに残っているような気がしてなりません。

日本死ね。

その言葉が発せられるまでには、私のような中年男性が想像すらできない苦労の日々があったに違いありません。仕事が軌道に乗っていた30代に、日本の未来を信じて下した子どもを産むという決断。仕事に明け暮れる夫と子育てに追われる自分との落差。やっと自分のため、社会のために決意した仕事復帰。その直後に送られてきた保育園の落選通知。そのときの母親の絶望感を思えば、日本の未来さえも恨みたくなる気持ちに深く共感できます。

ここで待機児童に対する安倍政権の責任を批判するつもりもなければ、保育園を落ちた母親たちの肩をもつつもりもありません。ただ私はこの言葉の独り歩きに空恐ろしさを感じるのです。

匿名の母親がどのような環境にあり、どのような気持ちでこの言葉を放ったのか。人はそこに思いをめぐらせる前に、おのおの自分の主張を展開し始めました。たった4文字のなかに自分の思いを投影して、自分なりの「日本死ね」を発信していったのです。元の匿名の母親が込めた思いは消え失せ、残った言葉のトゲだけが攻撃の手段として使われていきました。そもそも匿名の人の言葉がここまで共感されること自体が異常事態であるといえます。いくら「保育園に落ちた」という状況が同じであったとしても、4文字の言葉に賛同してしまう早合点が、言葉を文字づらでしか見ていない現在の様相を表しているような気がしてなりません。

人が放つ言葉を信じるとき、この文字づらだけを見ていると確実に失敗します。言葉には必ず人の感情があり、コンテクストが内在しているのです。それを飛ばして文字づらだけに気を取られているから、ツイッター上の炎上など、他人の言葉に対して集中砲火を浴びせるような事態が発生してしまうのだと思います。人の言葉をやり玉にあげて、こんな発言をする人は異常者だとなじる。そんな世の中では、言葉を発すること自体が恐ろしくなってしまいます。

昭和生まれの私の語感は、そもそも国家を表す「日本」を馴れ馴れしく使えず、日々患者さんの命と向き合う生活では、およそ「死」という文字を口から発するには時間のかかるものです。「日本」と「死」の結びつきを、理解系脳番地、わたしの頭頂葉が拒絶するのが分かります。ところがです、それが本人から離れて、容易に結びついてしまうのが、肥大した情報ソースをコントロールできない異次元の力なのです。

脳の中にある実と虚

こんな事態になってしまった今、やはり求められるのは右脳の力です。

たとえば「愛」という言葉。「愛」「あい」「アイ」「ＡＩ」その表記により受ける印象は異なるものの、活字にしてしまえば記号としての見た目はさほど変わりません。しかしそれが私の口から発せられる「愛」なのか、それともマザー・テレサから発せられる「愛」なのかを想像してみてください。たとえ同じ言葉でもその「愛」が含む中身は明らかに違い、あなたの頭の中でこだまする音の響きもまったく違うものになるでしょう。

これが言葉のもつ非言語の部分です。

非言語に対してどうイメージするかは個々の右脳がどのように捉えるかにかかっています。右脳がまったく使えなかったとしたら、誰がどのタイミングで言った「愛」だろうと、信号としてすべて同じ意味に受け取るでしょう。しかし、私たちの脳はひとつとして同じものはありません。それぞれが異なる脳をもって言葉を聞き、まったく異なる印象を頭の中で受けているのです。

だから言葉ひとつに対する感想は「○か×か」や「正か悪か」の二択ではないのです。言葉のもつ揺らぎのはざまで引き出される十人十色の感情。それこそが言葉を記号として見ることに慣れてしまった現代人が、再び思い出すべき価値観なのではないでしょうか。

左脳が発達していて容易に信じない人でも、文章で書かれてあると事実として受け取りやすいという傾向があります。自分が堅物で多様性に欠けると感じる場合は、尊敬できる作家の文章をたくさん読み、実際に何かを実践するのがいいでしょう。一緒に本を出させていただいた評論家の渡部昇一《わたなべしょういち》先生も、一冊本を読んだらやってみたいと思ったことを一つか二つは必ず実践して、その後自分の生活に取り入れるかどうかを判断するとおっしゃっていました。

言葉を読み頭の中でイメージをふくらませていく読書は、それ自体で脳トレといえますが、さらに一歩踏み込んで自分の「実践」までもっていくと、記憶力が格段に鍛えられます。頭に蓄えた知識を、体でアウトプットさせるひと手間が、知識をよりリアルな体験に変えてくれるのです。

これは刑事が行う犯罪現場の検証と似ています。証拠品を集めて頭の中で悶々と考えるのではなく、必ず現場に行って犯人の行動をたどります。なぜこの武器を使ったのか、何が視界に入るのか、そのときの気持ちは……。犯人の心の軌跡を実際にたどることで、より深いシミュレーションが可能となるのです。

実際に、裁判の場面でも使われていて、実況見分をすることで見落としている点が出てきます。わたしも裁判の医療鑑定書を依頼されたときは、できるだけリアルな場面に近づくための状況証拠を必ず集めていきます。そうすることで、自分がそれまでもっていた理解系脳番地の枠組みを超えて、新鮮なヒラメキを呼び起こすことができます。

読書を体験に変える作業も同様で、平面的だった知識が実践によって立体的になり、自分にとってどんな意味をもたらすのか、実感をともないながら脳にじんわりと吸収されていくのです。

これは一般的にいう「相手の立場に立つ」を具体的に行うのと同じことです。どんな状況下でも相手の気持ちを思いやることが求められますが、実際は頭で分かっていてもなかなか深いところでの理解には至りません。普段から人の言葉を自分の行動に変える習慣をもつと、自然と目に見えない人の気持ちをくみ取ることができるようになっているでしょう。

医者が患者さんの立場になって診療にあたるという教えは、誤診しないためにも、このようにもっと適切な情報を得るためにも、必要な手段なのです。

また、言葉の表面ばかりを見ることに慣れてしまった人には「写経」がお勧めです。グーテンベルクが活版印刷機を発明したのも、教会で神父から聖書の説教を聞く信徒の手元には聖書がなかった状況から起こっています。写経もまた、印刷技術がまだなかった頃、仏法を広めるために経典を書写したことが始まりでした。しかし単に書き写して冊数を増やすだけではなく、その書き写しを通して経典に対する理解を深めるという目的も含まれているのです。

一昔前ならば、好きな小説の一節をノートに書きつける文学少女も珍しくありませんでしたが、今こそひとつの言葉に目を留めて自分で書き換える行為が見直されてしかるべきだと思います。たとえそれがインターネットで見つけた言葉だとしても、自らの手を使って自分の文字に変えることで、その言葉のもつ目には見えない響きを発見できるはずです。言葉があふれるこの時代にこそ、もう一度見つめ直したい習慣だと思います。

ブレない人になる

「私、よくブレるんですが、先生どうしたらいいですか？」

こんな質問を患者さんから受けることがよくあります。

「ブレる」というのは、あるとき下した決断と、時間を置いて下した決断との間に矛盾が生じ、結果同じ人間の行動でありながら、一貫性がなくなる状態を指すのだと思います。決断に矛盾が生じる原因はほかでもない脳の使い方にあります。

私たちが決断をするときには、脳内にある情報を土台にして、感情系や思考系などと連携しながら、自分にとって一番良いものを選択しています。自分にとって一番良いもの、と堂々といえる指針となるものがないと、決断に一貫性がなく、結果としてブレている人になってしまうのは、当然といえば当然です。求められる決断は毎回同じものではありません。同じことの繰り返しでは、単なる堅物の人間になるだけですが、どんな方向から飛んできたボールでも確実に同じ放物線を描く安定した球が返せることが大切なのです。

ブレるというのは、科学の世界でいえば、再現性がないことを意味します。再現性といえば、数年前に世間を騒がせた小保方晴子《おぼかたはるこ》さんのＳＴＡＰ《スタップ》細胞の話を思い出しますが、彼女が信じたＳＴＡＰ細胞は再現性がなく、結局「ブレる細胞」となってしまいました。その後論文のねつ造などが明らかになり、世間からも見放されてしまいましたが、彼女の敗因は、自然がもつ「選ぶ力」に背いたことだと思います。

研究をする科学者は、必ず仮説を立てて、実験と検証を重ねますが、結果は自分の推測のとおりにならない場合のほうがほとんどです。「こうなったらいいな」という願望はありますが、自然の法則に逆らうわけにはいきません。自分の推測と、自然が出してきた答えでは、つねに後者が優先され、それが真実なのであり、それ以外は自分のバイアスです。

しかし、科学者として突き詰めて、研究がうまくいき、あともう一歩で成功というところまでくると、「うまくいってほしい」という悪魔のささやきが出てくるのです。一流の科学者はその悪魔のささやきと必ず戦っています。そこで自分の願望に屈すると、結果は必ずブレてくるのです。私の体験ではほとんどの場合、自分の立てた仮説、あるいは、想定内の結果だけでは、大したものではありません。むしろ、想定されたことを突き詰めていくと、想定外に行き当たります。いや、むしろ、その想定外を目指して日々努力しているといっても過言ではありません。想定内の結果のうちは、「自然界からまだ、笑われている状態」なのです。試行錯誤の努力を重ねていくと、約束されていないある日、自然が選ぶ力の一端を自分に見せてくれる瞬間があります。それが科学者の「発見」です。ですから、ねつ造は、一流からは程遠い存在です。

科学に限らず、企業のプロジェクトでも同じことがいえます。ある程度時間と資金が使われれば、それに見合う結果を求められるのが組織です。追いつめられ、「こうであってほしい」という理想が強ければ強いほど、事実認識を誤り、自分の願望を結果に無理やりねじ込もうとしてしまいます。テレビ局が「報道したい」という願望に負けて、どこか一部をねつ造してしまうのも同じことです。

私も医師として駆け出しの頃は、ねつ造こそしないものの、ブレてばかりでした。患者さんに対しては自分が主治医であっても、病院の中ではつねに先輩医師が存在するので、彼らへの依頼心がなかなか抜けなかったのです。自分よりも経験を踏んでいる先輩の言葉を聞けば、自分の決断に揺れが出てきます。自分が「こうだ」と思っていても、先輩の意見と食い違えば、何を優先すべきかが分からなくなったものです。しかし、何か問題が起これば結局責任を問われるのは主治医である私です。自分がもっと神経を研ぎ澄ませて患者を見なければ、最悪の場合、その人を死なせてしまうかもしれない。それくらいの強い責任感をもつようになった瞬間に、急激に集中力が上がり、医師としての眼力もアップしました。「誰かがやってくれる」という甘えを一切捨て去った瞬間に、ブレない自分ができあがったのを覚えています。

今の時代はインターネットの情報や、SNSで他人が見えやすいので、人をブレさせる要素がたくさんあります。科学者が見出す自然の法則のように、絶対に自分のなかで譲ってはいけないものをもち、それに照らし合わせるクセをつければ、おのずと自分のなかに一貫した芯が作られていきます。

ルーティンの見直し

朝起きてからコーヒーを飲み、朝刊を広げ、お決まりの朝食をとって、いつもと同じ道を通って会社へと向かう。そんなお決まりのルーティンがある人は多いと思います。毎日、同じことを同じ時間に繰り返すこと自体は、記憶力を鍛える脳にとって良い習慣です。毎日何も予定が決まっていない不確かな日々を送る人よりも脳は確実に成長してくれます。

しかし、習慣は繰り返すことによって慣れてきて、何も考えずに行うことができるようになり、脳を働かせる必要がなくなってきます。それを続けていれば、決まったルーティンから離れられなくなり、新たなことに踏み出せない「めんどくさい脳」になってしまうのです。

ルーティンをもつこと自体は脳に良いことですが、ときにルーティンの見直しが必要であると考えています。私自身は、大のコーヒー好きで、頭が働かなくなるといつもコーヒーを飲んでいました。しかしある日ふと、今飲んでいるコーヒーが本当に自分を覚醒させてくれているのかと疑問に感じたのです。そこで、健康診断のために入院したことをきっかけに、いつものコーヒーを紅茶に変えてみるという実験をしてみました。

毎日4~5杯は飲んでいたので、やめた当初は食事時にも、カフェの前を歩いていてもどうしてコーヒーを注文しないのかという感覚が絶えずありました。気分転換にカフェに入れば何も考えずにコーヒーを頼んでいた日々でしたが、初めてメニューを眺めてそのときの自分の飲みたいコーヒー以外のものを考えるようになりました。それまでは、コーヒーが飲みたいかどうかを考えずに、ルーティンで、カフェに行けば自動的にコーヒーを頼むものだと自分のなかで決め込んでいたのです。そして、紅茶を飲むようになってからしばらくすると、味の違いが分かるようになってきました。

最初はコーヒーと紅茶の違いだけだったのが、当然ですが紅茶のなかにも種類があります。アールグレイなのか、ハーブティーなのか、その美味しさの違いを細かく感じられる舌を獲得したのです。また、紅茶を置いているカフェは限られていて、行く店も変わりました。するとそれまでの散歩コースも変わり、目に飛び込んでくる景色も変わり「あんなところに新しい店ができている」「この辺は子どもが多いな」などと新たな発見をするようになったのです。小さな改革をきっかけに、脳のキャパシティが増え、使われていない領域が動きだしたのを感じました。

ルーティンや信じる対象が定まっていること自体は良いことですが、習慣化して何も考えずに実行するようになっていたら、それは変化を加えるタイミングです。脳の同じ回路を何度も使っているだけでは、それ以上の成長は望めません。そこに少しのアレンジを加えるだけで、脳は新たなルートを開拓することができます。私のようにいつものコーヒーを紅茶に変えたり、新聞の種類を変えたり、通勤の路線を変えてみたり。普段気づかずに毎日繰り返し行っていることはたくさんあります。それらを大胆に変えるのではなく、少しの変化を加えることが脳を強化することにつながるのです。

0時前に寝る大人は育つ

私は「脳の可能性」を信じています。その探求のためならば寝る間も惜しまず研究を重ねてきましたが、ここ最近になって新たな結論に達しました。それが「長く寝る」ということです。これまで徹夜をしてでも長く働くことを良しとしてきましたが、最低でも一日6時間以上寝ることにしたのです。夜10時以降の自分を信用せず、翌朝の自分を信じて潔く眠りにつくことにしました。「零時を過ぎて寝たら頭が腐る」と自己暗示をかけて、零時前に何としても床に就くことを実践しています。朝は脳にとってのゴールデンタイムです。寝て休息をとり、リフレッシュされた脳に朝日を浴びせればメキメキと覚醒度があがり、確実に夜中の自分よりも高いパフォーマンスが出せます。脳を休ませた後の効果を十分役立てることが脳の健康にもつながります。

忙しい人の多くが寝る時間すらもったいないと思っているかもしれませんが、24時間フル稼働できる脳など存在しません。脳は睡眠中、日中に得た情報を整理して一度リセットをします。睡眠は無駄な情報をデトックスし、昼間使った脳を再び健康脳に回復させるために大切な時間なのです。頑張って徹夜をすれば、その一晩は乗り越えられるかもしれませんが、翌日のパフォーマンスはぐっと下がります。疲れたときは、翌朝の自分を思い切り信じて眠りにつくことで良質の睡眠が得られるのです。

朝の自分を信じずにダラダラと仕事を続けたり、夜の自分に後ろめたさを感じながら眠りに落ちれば、同じ睡眠時間でもただの自己嫌悪の時間になってしまいます。それでは本当の意味でのリフレッシュにならず、朝になったところで100パーセントの力を出し切ることはできません。起きている間の活動時間を濃厚なものにするためには、6時間以上9時間以内の睡眠を回復期として捉えてしっかりと眠ることが不可欠です。私は今では7時間寝るようにしていますが、これを実践してからは日中眠くなることがなくなりました。このことは、医学統計上も正しいと考えられ、6時間以下または、9時間以上の睡眠時間の人は、うつ病の発症率がそれ以外の人たちに比べて40％以上増加するという報告もあります。

　私たち人間は、朝に目を覚まし、昼活動して夜には眠りにつくという、地球の自転周期に合った約24時間のリズム、いわゆる「サーカディアンリズム」をもっています。このサーカディアンリズムは皮膚、肝臓、心臓、血管などあらゆる部位にそれぞれ備わっていますが、それらの各臓器をコントロールする司令塔が、脳の視床下部の視交叉上核という場所にあります。

　このサーカディアンリズムの周期は機械のようにきっちり24時間というわけではなく、24時間数分から数十分と個人差があります。この数分のずれを修正しないまま放っておくと、24時間かけて自転する地球の周期と、どんどんずれていくことになります。これを24

時間にリセットするために重要な行為が「朝日を浴びること」です。目から入った太陽の光が網膜を通して視交叉上核が受け取ると、視交叉上核にあるサーカディアンリズムが24時間にリセットされ、同時に各臓器へと伝達されていきます。

夜しっかり寝て、朝起きることは、単純に世の中で理想とされているだけではなく、ヒトの生理現象として確固たる意味があるのです。睡眠不足や睡眠障害は、脳やホルモンバランス、自律神経に悪影響を及ぼし、さまざまな病気の引き金になることが分かっています。日々のパフォーマンスを上げることも、将来的な病気のリスクを下げることも、すべては良質の睡眠をとることにかかっているといっても過言ではありません。

縁を選ぶ

時代をさかのぼれば、かつて結婚相手との出会いはお見合いが主流でした。それがだんだんと自由恋愛が一般的になり、今ではインターネットで出会う男女も珍しくなくなりました。閉ざされた世界のなかでは、親がもってきた縁談を受け入れ、誰かと出会えたこと自体を、「縁」と呼んで感謝するような文化が存在していました。しかし、今はインターネットを介して、縁もゆかりもない他人同士が簡単に出会える時代になったのです。

実際に20年前のある日、ドイツ人の同僚が「結婚する」と言い出し、「どうやって出会ったの？」と聞くと「インターネットで仲良くなった」と説明されて、衝撃を受けました。

ある調査では、結婚相手との出会いは、インターネットが４位、実に10人に１人の人がインターネットで知り合った相手と結婚していることが分かっています。インターネットの出会いには、幸せな結婚に至る男女がいる一方で、偶然出会ってしまった男女が猟奇的な殺人事件に巻き込まれるという恐ろしいケースも存在します。受け身の姿勢で縁に流されていると、人生は思い描いていた方向とは違う方へと進んでいってしまいます。人生を自分で舵取りして着実に歩んでいくには、自分にとっての良縁、悪縁を見極め、選択していく「縁を選ぶ力」が必要になってきます。

これは男女の出会いに限らず、人と人がつながる縁にあふれたこの時代に求められている共通の能力です。

自分の人生を良い方向に導いてくれる良縁は、ただ待っていてもやってきません。

私自身は縁に恵まれていて、さまざまな人に支えてもらい、今充実した生活を送れていますが、振り返ってみれば、人を選ぶ前に、行く場所を選んでいるように思います。私の人生の目標は「限りなく脳を知ること」なので、それに深く近づける出会いのためには貪欲に行動します。悲観的で、進歩のない人たちの集団にいる限り、良縁はめぐって来ません。私は世界中から最先端の情報が集まる国際的な学会に参加するようにしています。

たとえば5日間の滞在ならば、何千もの演題を見聞きしますが、そのなかでも選りすぐりのエッセンスだけを自分のなかに残します。たくさんふれて、一流のものだけを取り入れる。それは知識でも、人でも同じことで、その姿勢が自然と良質の縁を自分に引き寄せているのだと思います。

脳科学者の肩書をもつ人は数多く存在しますが、そのなかでも胎児から100歳の脳をMRIで見ることができたり、外来で診療する脳内科医でありながら一流のノーベル賞受賞科学者やオリンピック選手からメールで連絡を受けたりする医師は他にいないと思います。科学の先端に身を置いていればこそ、運や縁といった目に見えない力ではなく、私のやっていることに興味をもってくれた人たちが集まってくれた、その結果なのです。

「出会わなければよかった」と感じる人と無理に付き合っても、結局は長く続かないことが多く、やはりそれは悪縁だったのだろうと思います。冷たいようですが、そういった人とは早々に見切りをつけて、自分を成長させてくれる集団に身を置くべきだと私は考えています。

私が実践している良縁をつくる心掛けがあります。それは、お金の稼ぎ方を選ぶことです。同じ1万円を稼ぐとしたら、その1万円をどのようにして自分の手にするか、この過程が脳を使うので最も大事だと思います。私が、祖父母や両親からおのずと学んだことは、価値のあるお金をためることでした。同じお金でも努力して得たお金には力があり、良い縁がつながると教えられました。このことは、50歳を過ぎて本当だと実感できています。

この世に存在する最高の縁は、実親との縁ともいいます。親の元に生まれてきたこと。これこそは自分では選べない縁であり、それに感謝できていれば、自然と自分の選ぶべき縁が見えてくるのではないでしょうか。先祖や親との出会いに感謝するように、出会えたこと自体に感謝できる相手との縁は大切にしていきたいものです。

時は金なり

つい先日、世界保健機関（WHO）が、日常生活が困難になるほどゲームに依存している症状を「ゲーム障害」（Gaming disorder）として、病気の世界統一基準である国際疾病分類に新たに加える方針を明らかにしました。草案では次のような3つの症状を挙げています。

1、ゲームに対して時間や頻度の自己管理ができない
2、その他の日常生活よりも、ゲームを優先している
3、生活へ悪影響が出ていても、ゲームをやめられず、さらに熱中する
(「ICD-11 ベータ版［死亡率と罹患率統計］中毒性行動による障害 6C51 ゲーム障害」から筆者が訳出)

つまりゲームに夢中になりすぎると、家族や仕事をおろそかにしてまでもゲームを続けてしまう症状だと言い換えられます。趣味としてゲームをほどほどに楽しむのは大いに結構ですが、欲求が抑えられずに日常生活に支障をきたしてしまうのは、脳から見ても非常に不健康な状態です。

脳はつねに刺激を求めていますが、能動的な行動をともなう場合よりも簡単に手に入る場合のほうが依存しやすくなります。酒や薬物の依存症と同様に、ゲームも外からの刺激が簡単に入るため、依存しやすい危険な存在です。特に脳の発達が未熟な子どもたちにゲ

ームを与えれば、誰かが止めない限り１日中やってしまいかねず、脳を壊す原因となります。

ゲーム障害の一番の問題は、ゲームをやり続けること自体よりも、やるべきことをやらなくなる点にあります。欲望が抑えられず、ゲームをやる時間が、他のやるべきことの時間に食い込んでしまい、１日の予定がこなせなくなっているのです。この段階になる前に、時間の選び方を磨いていれば、１つのことへの異常な依存はなくなります。

１日の時間を細かく割って見てみると、実は非常に無駄な時間を過ごしているものです。ゲームに限らず、インターネットのニュース、動画、ＳＮＳ、テレビなどを漫然と眺めたり……。自分でけじめをつけて時間を限定して行動しなければ、簡単に怠惰な刺激におぼれやすくなってしまいます。忙しく、情報に多くさらされる現代人には、時間を区切って、何をするかを選ぶ能力が必要になってきます。

だらだらと時間を過ごしたり、やるべき仕事をおろそかにしたりするのは、社会人として問題であるのはもちろん、脳の使い方にとっても非常に不健康であり、脳の成長を妨げる危険な行為です。時間を選ぶ力を鍛える脳トレとして私が推奨しているのは、朝１日の予定を紙に書きだすこと。頭の中でぼんやりと目標を決めるよりも、紙に書いたほうが、指令として脳に明確に届き、実行されていないと脳が違和感を抱いてくれます。逆に寝る前には紙に照らしてその日の行動を確認し、達成されていれば脳内の報酬系が喜びを感じてくれるのです。

ゲームをクリアしたときにも、この脳内の報酬系が活性化されて快楽を感じます。それがゲーム依存へと傾倒していく原因でもあるのですが、この報酬系をうまく利用して、1日の使い方を見直し、ゲーム感覚で規律正しい生活習慣を手に入れるのもひとつの手段です。

1日の予定表を作ることは、働く人にとって有効なのは当然ですが、引退をした定年後の生活にも大いに役立てることができます。時間に縛られない自由を謳歌するのは良いことですが、少し気を抜くとけじめのないだらけた生活に陥りがちです。何をするのか、時間を区切ってあらかじめ決めておくことで、記憶力を高め、つねに脳の動きを意識しながら行動することができます。むしろ、定年後のほうが自由に、自分で選んだ時間に、予定を入れることが可能ではないでしょうか。一日一日の成功が人生後半の成功を作り出すはずです。

月の石をもて

何をもって天職と呼べるかは分かりませんが、自分の仕事に誇りをもち、満足できるかどうかは、社会人としての充実感を左右する大きな要素です。加藤プラチナクリニックでも、自分にどんな仕事が向いているのか、または定年後に何をしていいのか分からないという相談を受けることがよくありますが、私はそんなとき「月の石をもちなさい」と患者さんに言います。

月の石と聞くと皆さんはどのようなイメージをおもちでしょうか。若い人には分からないかもしれませんが、私は１９７０年の大阪万博のことを思い出します。世界に保存されている月の石はアメリカのアポロ計画とソビエト連邦のルナ計画で月からもち帰られたものか、地球に落下した隕石です。大阪万博のときにアメリカ館でアポロがもち帰った月の石が公開されることになり、その物珍しさから一目見ようと見物客が殺到して行列ができました。あまりの人気ぶりから待ち時間が長くなり、体調を崩す来場者が相次いだため、日本政府が急きょ日本館でも、アメリカ政府から寄贈されていた小さな月の石を展示し始めたほどでした。

当時私はスポーツ少年の小学生でしたが、その熱狂ぶりをテレビの報道で目にして、人間は「見たことがないもの」「そこにしかないもの」に強く引かれるのだと考えさせられました。まだ脳科学とは出会っていない頃でしたが、人にはない自分だけの何かを求めたいとそのとき思ったのです。そしてその数年後には、スポーツのなかでも、砲丸投げに狙いを定めて県大会出場を目指し始めました。競技人口が少ないことと、そのときの自分の能力を顧みて、トップを目指せるものを考えた結論でした。自己流でトレーニングに励み、中学3年生のときには県大会で優勝するまでになりました。高校時代に校内の陸上協議部会で作った砲丸投げの記録は、40年経っても破られずに残っています。

何をしていいか分からない、自分には何が向いているのか分からない。そういう人は自分の中にある月の石を磨くべきだと思います。たとえそれが、小さな地域の枠組みの中でも、多くの人々の目にふれないことでも、自分が確信をもって選んだことならよいのです。1どんな人間にも、他の誰にももっていない何かが存在するはずです。自分のなかにあるそれを掘り起こし磨くことで、周りの人間が興味をもたずにはいられないような吸引力のある魅力に生まれ変わるのです。人と自分を大きく分けるものを見つけられるかどうかが、天職をたぐりよせるポイントになると思います。

脳科学者となった今でも、つねに人がやっていないことに挑戦しています。たとえば今の自分に書ける論文のテーマが10あったとしたら、そのなかで一番誰もやっていないことを選んで研究を進めるようにしています。すると必ずといっていいほど、そこには多くの情報が集まり、良いものが書け、そして人が集まってくるようになるのです。大勢がやっていることにはあえて背を向けることになるので、孤独な闘いになることもしばしばあります。実際に形になるまでは、誰かが褒めてくれるわけでもありません。そんな心理的に孤独な戦いも、自分が選んだ道だからこそ、楽しく誇らしく、おのずと道は開けてきます。

「そうはいっても、先生みたいに本気で打ち込めるものや、自分の特技が見つけられなかったらどうするんですか？」

そう聞き返されることもあります。

そこで思い出すのが、あるひとりの社長さんのこと。彼女は成功しているバス釣りのプロで、話していてもとても選ぶ力に長けている頭の良い人です。しかし当初彼女にはお金も、学歴も経験もありませんでした。そんななかで、彼女はお金が稼げて、トップに立てて、しかもあまり多くの人がやっていない未開拓の職業を、さまざまな情報を集めながら考え抜いたのです。その結果たどり着いた答えがなんとバスフィッシングのプロでした。日本での市場は小さいものの、釣りの本場であるアメリカでは、大会のチャンピオンともなれば賞金がもらえます。アメリカに住むことも容易になります。釣り経験ゼロから始めて、数年後には全米大会のチャンピオンを勝ち取りました。今ではバス釣りにこだわることなく。日米を往復しながら仕事と私生活を大いに謳歌して充実した人生を送っていらっしゃいます。

世の中は勉強ができなかったり、学歴がなかったりすると、成功できないと思っている人が多くいます。同じ土俵で戦っているうちは、点数の高いほうが上に立ち、低いほうが敗者と見なされるのは当然のことです。しかし、それはあくまで学校や試験での話であり、社会に出れば、勝負する舞台はひとつだけではありません。大勢が戦っている舞台で抜きん出ることができないならば、場所を変えて斜めに独自の線を伸ばし続ければいいのです。自分の一番良いところを選び、それを月の石に変えられたら、そのオンリーワンの宝に引き付けられて多くの人が集まってくるでしょう。開拓者となれば、新たな道を切り開くだけでなく、必ず後ろに道はできているのです。

第4章

祈る力

信じるために祈る

何を信じてよいのか分からなかったり、信じること自体が億劫になったりしている人もいるかもしれません。信じることはそれなりに労力が要りますし、結果が見えない不安もついてまわるでしょう。そこで誰にでもできるトレーニングともいうべきなのが日々の「祈り」ではないかと私は思っています。

そもそも「祈り」とはなんなのでしょうか。

無信仰の人であれば自分に関係のない何か謎めいたもののように感じるかもしれません。キリスト教のような外国の文化だと捉えている人もいるかもしれません。しかし私たち日本人には本来祈りの文化が根付いています。朝起きたら仏壇に手を合わせる。「いただきます」と食前に唱える。雨の日にはてるてる坊主を作る。祭りに参加する。お墓参りをして先祖を敬う。挙げ出したらきりがありませんが、それらすべてが「祈り」であるといえるのではないでしょうか。

私は日本海に面した歴史の古い田舎の村で生まれ、信仰心のあつい祖父母や地域文化に囲まれて育ちました。

親戚に真言密教の修験行者がいたり、裏山を越えると良寛禅師の過ごした国上寺があります。朝神社にお参りに行ったりすることが自然の環境であったため、祈りは生活の一部でした。

漁師だった祖父は、何日間も漁に出られない日が続くと、天に祈りを捧げて天候の回復を祈っていました。そういった姿を間近で見てきたせいか、大人になった今でも人間の無力さを感じたときに、祈りたくなります。自分という実体と、それ以外の神を含めた環境との相互作用を受けながら人間は生きているのだと実感できるのです。

祖父は昔ながらの人間だったので私がアメリカに行くと言ったときは大変な騒ぎでした。大切な孫を、かつて戦った敵の遠い異国に送り出すことは、戦争を経験している祖父にとって心配でならなかったのです。私がアメリカにいる6年の間、毎日欠かさず神社に行って無事を祈ってくれました。祈り続けた祖父と、祈りを受け続けた私。それぞれ遠く離れた場所でまったく異なる暮らしをしながらも、祈りを通して目に見えない線で結ばれ、お互いを支え合っていたような気がしてなりません。

祈りの効果を信じつつも、私は現実主義の科学者なので、すべてが神頼みでなんとでもなるとは毛頭思っていません。むしろ大抵の現実は自分の努力次第で変えられると思っています。自分が動けば環境が変わり、自分も変わることができるのです。

私は、中学生の頃から祈りを脳に結び付けていました。そして、今は、祈りは脳を成長させる不可欠で高度な脳科学技術だと考えています。

祈りを使いこなすことで実体のあるものとないものを再確認するための作業をすることもできます。この世にあるものすべてがサルトルのように実存していると考えたら祈りは必要ないのかもしれません。しかし、人間世界の科学技術も存在するものと存在しないものとの間で進化してきたように、目に見えるものと目に見えないものを切り分ける作業が、個々の人間の成長にとっても必要不可欠なのではないかと思っています。すなわち、祈りを使いこなすことができればいくつになっても脳を成長させることができる、これが私の仮説です。

祈ることで脳が成長する

祈りの形に目を向けると、両手を合わせて瞑目していることがほとんどです。両手を合わせることで何が起こるのでしょう。人は両手で火を使い、道具を使いこなすことで進化してきました。両手を合わせた瞬間、左脳と右脳の「両脳覚醒」（くわしくは、『右脳の強化書』（廣済堂）参照）が起こります。普段私たちは、体の中心を意識しません。手を合わせることで、「両脳覚醒」とともに体の正中線に意識が向けられます。脳の正中線上には、自律神経の中枢で、ホルモン産生の現場の視床下部があり、松果体や下垂体などホルモンと神経の中枢が位置しています。これだけを考えても、祈りには脳を動かす原理が隠されていると考えることは容易です。

実際に、脳の働きを知らなくとも、両手を体の正中に合わせ目を閉じるだけで、外の世界をオフにして「自己」に戻ることができます。祈る内容が何であれ、一度自分のなかに精神を集中させて自己回帰することで、脳がリセットされ、まっさらな状態に戻れるのです。

祈る内容は個人の自由ですが、やはり人を呪うようなネガティブなものではなく、ポジティブな祈りが良いでしょう。たとえ誰かを恨み、この世に絶望を感じていたとしても、自分ひとりの時間くらいは、希望を祈り、人の幸せを願ってみませんか。脳は非常にだまされやすい器官で、本当に思っていなくても、思い続ければだんだんと自分の考えであると勘違いする性質をもっています。勘違いさせてしまえばこっちのもので、あとはポジティブな考えをもち続けることができるのです。

誰かの幸せを願うとき、脳内ではさまざまなことが起こっています。まずその人を思い浮かべるという行為で、視覚系の記憶力が刺激されます。その人の顔、してくれたこと、してあげたいこと。記憶を呼び起こしながら、それに付随する感情も喚起され、脳のあらゆる部分が活性化されていきます。

また、人が幸せを感じて過ごすことが、下垂体からのホルモンの分泌を正常化させることも報告されています。愛情をもって生活することで、ホルモンが分泌されるだけでなく、自律神経にも良い影響を与え、視床下部でのホルモン産生も調整されるのです。逆に、DVを受けて育った赤ちゃんのホルモン分泌は驚くほど異常な数値であることが多々認められています。この事実を考えるだけで、人の幸せを願いながら自分の脳が幸せになっていく。祈るとはなんとも奥の深い行為だということが分かるでしょう。

身近な存在で幸せを願ってあげたい人がいなければ、ご先祖様を祈ることから始めてみましょう。たとえ自分が不遇だと感じていたとしても、あなたがそこに今存在しているのはご先祖様がいてくれたおかげです。悩むこと、悲しむこと、そして少しの希望を感じること。そのすべてはあなたが存在しなければなしえなかったことです。頻繁にお墓参りに行けなくても、先に天へと旅立ったご先祖様に感謝することで、心が落ち着き、おのずと温かな気持ちになっていくでしょう。

人の幸せを願っている余裕がなければ、当然自分への祈りでもかまいません。自分を振り返るべきだと思っても具体的に何をしてよいか分からないときは、ただ自分の幸せを祈ればいいのです。明日も気持ちよく朝日を浴びられますように。美味しいご飯がいつまでも食べられますように。そんな些細で当たり前のようなことでもかまいません。自分という人間だけになったとき、何を願うのかがクリアになっていくと思います。

純粋に祈ることに慣れてきたら、祈りと同時にその日の目標を決められるといいと思います。たとえば漠然と「優しくなりたい」と祈っていたとしたら、あなたの思う「優しいこと」を1日に3つ試してみましょう。朝の通勤電車で席を譲る。道に迷っている人に声をかける。床に落ちているゴミを拾う。具体的な行動ならなんでもいいのです。希望に対して求められる行動を考えることで、思考系の脳が鍛えられます。人は「こうなりたい」と思い描いた時点で思考を停止させてしまっていることが非常に多いのです。

また、祈りを口に出していえば、両脳を覚醒させて立派な脳トレになります。口を動かすだけで脳の運動系脳番地は左脳にも右脳にもあり、運動系の中でも口のエリアは大きな割合を占めるため、祈りを声に出しながら周辺の脳も活性化させることができます。

祈り、目標を立てて、実行をする。その流れだけで脳は驚くほど成長し、やがては人生が好転していくはずです。

私を育てた祈りの脳習慣

私は新潟県の弥彦山麓、三島郡寺泊町野積（現在の長岡市寺泊野積）というところで育ちました。弥彦山を登れば日本最古の即身成仏弘智法印が鎮座している西生寺があり、とても信心深い地域だったため、生まれたときから祈りの習慣が根付いていました。祖父母が仏壇に向かってお経を唱えている様子は日常の風景でしたし、漁師の祖父が長い漁に出るとなれば家族で近くの神社に行って無事を祈りました。

私自身も見よう見まねで口に出して祈っていました。朝起きたら神棚に手を合わせご先祖様に挨拶をしてからその日の祈りを声にします。実際に、祖父の隣で手を合わせながら、祖父は何を思って祈っているのだろう、どのように祈っているのだろうと不思議で知りたいと思ったものでした。また、振り返ってみて気づいたことですが、その祈りの内容は年を重ねるごとにだんだんと変わっていきました。まだ幼い頃は自分の願望だけでした。「テストで１００点が取れますように」「かけっこで1位になれますように」。

やがて小学校高学年になってくると、自分の技術にかかわることは祈っても自分が努力しなければ上がらないことに気がつきました。そうなると祈りの内容がより具体的になっていきます。「大会前に風邪を引きませんように」「交通事故に遭いませんように」。

自分で頑張れる部分は自分で努力して、天に任せるしかないような願いだけを祈るようになっていきました。この頃からすでに、確かなものと、不確かなものを脳内で切り分けて考えるくせがついていたのだと思います。

元々左利きだったこともあり、右手を慣らすために書道を幼い頃から習っていたので、ときには筆を使って般若心経を書いたりもしました。写経をすると、その意味をはっきりと理解できなくても、なぜか心が洗われたようなすっきりとした気分になります。これも独自に編み出した脳トレだったのでしょう。

高校生になり医学部を目指していた受験の間も祈りは私の毎日に息づいていました。この頃になると、祈りはより具体的になり、むしろ祈りというよりは、その日の目標を声に出す、「やる気宣言」のようなものに変わっていました。「今日は参考書P○○から××までを終わらせ、△△を理解する」など、自分にとって今日やるべき目標を朝、口に出して言っていました。特定の宗教を信仰していたわけではなく、神様が本当にいるかどうかは分からない。それでも私はその日の自分に希望を感じて、祈り続けました。そして祈りながら、自己分析をしました。昨日の自分を振り返り、今日は紙一枚分でもいいから成長していたい。そのためには今日何ができるのか。そう考えているうちに、思考系、伝達系が発達し、さらに毎日の積み重ねで記憶力が強化されていきました。

祈りの内容は変化していっても、祈りを習慣とすると、過去の記憶をとどめながら、未来の創造的な記憶力も駆使するため、記憶力全体が確実に上がります。記憶は感情と深くかかわっていて、過去の楽しい記憶を呼び起こしたり、希望を感じながら未来を思い描いたりすることは、記憶を司る海馬を生き生きとさせてくれます。このように、祈りによって複数の脳番地を活性化させる脳習慣が身についていきました。

朝は必ずやってきますし、1日の時間は誰にとっても24時間しかありません。それでも、長い期間でみると、人の成長には大きなばらつきがあります。朝の祈りは、平等に与えられた１日の価値を高めて、脳の成長を噛みしめること。それほど大切な習慣だと私は思っています。

誰かのために祈る

前述のとおり、信心深い家系に育ったため、私は自分が祈るだけでなく、家族からの祈りを存分に受けて育ちました。

子どものときに私が「お腹が痛い」といえば、祖母はすかさずやってきて、「お経を10回唱えれば治るよ」と言いながらお腹をさすってくれました。10回唱えても痛みはまったく治まらないのに、目をつぶっていると知らない間に心地良い眠りに落ちていました。今で言う「痛いの痛いの飛んでいけ」のようなものだったのでしょう。不思議とおばあちゃんのお経は私の心を落ち着かせる効力をもっていました。

医学部受験のときは家族全員が私の合格を祈ってくれました。父にいたっては、なぜか「お前が合格するまで酒は飲まない」と言って大好きなお酒を断つという願掛けをしていました。しかし、受験勉強で精いっぱいの当時の私にとっては、正直言うとありがた迷惑でした。医学部は父親が酒を飲まないくらいで合格できるような甘いものではないし、勉強のことで頭がいっぱいで父親の話を聞く余裕などなかったのです。そんな当時の父親の気持ちも、自分が父親となった今なら、理解できるような気がします。もちろん自分が酒を断ったところで、息子の試験の点数が上がるわけがないことくらい分かっています。でも、息子が必死で頑張っているときに、自分が好きなことをしていたくない、レベルは違っても息子と同じような戒めを自分のなかに課したかったのだと思います。力になるかは分からなくても、何か息子のためにできることをしたいという親心から必死に編み出したひとつの祈りの形だったのでしょう。

当時はうまく感謝できなかった父親の重たすぎるほどの愛情が、今の私のなかにも息づき、息子への愛情へと形を変えています。息子の大学受験のときには、それこそ必死の思いで祈り続けました。自分の祈りだけでは物足らず、新潟の実家にいる母にも電話をして「明日息子の受験だから祈ってくれ」と頼んだほどです。自分ではどうにも力になれないとき、人は祈りたくなるのでしょう。それが必ず本人の力を後押しするかどうかは分かりませんが、誰かのためを思い、遠く離れた家族をも祈る。目に見えない線で家族の絆が結ばれているように思います。

２０１８年２月に行われた平昌オリンピックでも、日本中が祈りに包まれました。特にケガが心配されていたフィギュアスケート男子の羽生結弦《はにゅうゆづる》選手には、多くの人が手を合わせてその成功を祈ったのではないでしょうか。結果は皆さんのご存じのとおり、圧巻の金メダル。当然羽生選手の努力の結晶ですが、日本中の祈りが彼の心に届いたのは間違いありません。

人を呪わば穴二つ

人を呪《のろ》えば、逆に自分の身に災いが降りかかり、墓穴が２つになるという意味のことわざ「人を呪わば穴二つ」。昔の人は実に脳のことを直感的に感じ取っていたのだなと感心してしまうほど、この言葉のとおり本当に呪いには恐ろしい負の効果があります。

人や自分が今よりも良くなることを願うのが祈りだとすれば、呪いはその反対。人が今よりも悪い状態になることを願う行為だといえます。

まだ起こっていない未来を想像するという脳の動きから見れば、祈りと呪いは紙一重ではありますが、決定的に異なるのが、祈りは自力の願いであるのに対して、呪いは他力であるという点です。状況が今とは変わることを願う点では同じでも、呪いは自分が変わることを願ってはいません。自分は現状維持のまま、相手が勝手に転ぶことを願っているにすぎないのです。

先日、カヌーの日本代表候補選手が仲間の選手の飲み物に禁止薬物を混入させて資格停止処分にさせるという前代未聞の事件が発覚し、世間に衝撃が走りました。自分が成長することを祈る代わりに、上にいる選手を蹴落とすことを考えてしまった結果の恥ずべき行為でした。実際に自分が成長していなければ、たとえ相手を蹴落として代表に選ばれたとしても、世界で戦えるレベルには至っていません。残るのは、出場停止になった選手ではなく自分が代表になれたという記録だけで、そこから選手として成長することはありえないのです。

人を呪うということは、その先に発展性がありません。ひとつの事実を無理にねじ曲げることは偶然かなうかもしれませんが、それをなしえたところで、その後物事が好転していくことは決してないのです。

また、呪いは主に「憎しみ」の感情から生まれます。人の感情を司る感情系は左右両方の脳にまたがって存在しますが、その役割は異なります。右脳の感情系は漠然としたイメージをする場所です。「あの人は魅力的だな」「なんとなく嫌いだな」というように、感情といっても実にあいまいなもので、言葉や行動に変えることはできません。それをかなえるのが左脳の感情系です。左脳の感情系は自分発信の感情です。「私はあの人が好き」「私はあの人が憎い」というように「自分がどう思うか」を具体的にし、さらにはそれを言葉や行動につなげていく場所です。

たとえば右脳で「なんとなく嫌い」と感じた感覚を左脳でキャッチし、「私はあの人が憎い」となり、「あの人が憎いので邪魔だ」というように変化していきます。左脳の感情系がアンバランスに発達しすぎると、自己愛が強くなりすぎて、自分の感情に合わせて人を動かそうとしていきます。憎しみが呪いに変わると、それはやがて行為につながりやすくなるのです。

カヌー選手の場合は焦りから来た気の迷いだと信じたいですが、自分の非を認めず、相手を蹴落とそうとする呪いのクセがつくと脳は、逆にフリーズしてどんどん働かなくなります。豊かな感情を育む右脳の感情系が抑制されるため、人の気持ちが分からなくなり、自分を守ることばかりを考えるようになるのです。

どうしても憎い相手が出てきてしまったとき、その感情が抑えられそうにないときには、逆に相手の心を読む努力を心掛けてみると、右脳の感情系を働かせて、暴走し始めた左脳の感情系にブレーキをかけることができます。呪いの行為は絶対にプラスの連鎖を生みません。

ドーピングも間違った祈りの行為のように見えてきます。自分の肉体に期待する祈りが届かなくなりそうなとき、祈りをやめて、薬物に手を出すようにも考えられます。

「お天道様が見ているから悪いことはできないね」そんなことを親から言われてきた人も多いと思いますが、たとえ天や神の存在が信じられなくても、悪いことをした自分を必ず見ていて、しかもしっかりと記憶している存在がいます。それが自分の脳です。

誰かを憎いと感じたことも、それを行動にうつしてしまったことも、誰も見ていなくても自分の脳だけはすべて記憶しています。そしてその脳が、今日も自分を動かしているのです。

サンタクロースを待ちわびて

12月24日。街路樹は色鮮やかなイルミネーションで彩られ、陽気な音楽があちらこちらから聞こえてくるクリスマスイブ。楽しそうに手をつないで歩くカップルや、誰かを思いながら嬉しそうに買い物をする人たちを見ていると、こちらまで温かな気持ちになり心が浮き立ってきます。

日本ではクリスマスはカップルがデートを楽しむ日のようなイメージがありますが、この日の主役はやはり子どもたちでしょう。自分の欲しいものを手紙に書き、靴下に入れて、サンタクロースが来ることを祈りながら眠りにつく。「早く寝ないとサンタさん来ないよ」と親に急かされて、慌ててベッドにもぐりこんでもなかなか寝付けず、「来るかな？サンタさん」「シッ。寝ないとサンタさん来ないよ」などという会話が、多くの兄弟の間できっと交わされていることでしょう。

翌朝、いつもより早く目覚めて向かう先はもちろんクリスマスツリー。赤や緑の包み紙を慌てて破って、そのプレゼントに歓喜する子どもたち。そんな光景が日本中で繰り広げられている様子が目に浮かびます。

子どもたちがサンタクロースを待ちわびる期待感は、純粋な信じる力にあふれています。翌朝目を覚ませば、必ずプレゼントが置かれている。そんな不確かで、誰も保証していないことを信じて決して疑わないのです。このまっすぐな信じる力を叶えているのは他でもない、親の愛情でしょう。多くの場合サンタクロースの話は親から伝え聞きます。クリスマスイブの夜に、サンタクロースがトナカイに乗って世界中の子どもにプレゼントを配る。そんな夢のような話を親の口から聞いた子どもたちは、想像力を働かせて、自分なりのサンタストーリーを心の中に思い描くのです。自分を深く愛してくれる人の話だからこそ、より信じられる。そして、その話が本当に毎年実現することで、さらに信じる力を強くしていっているのです。親の話を信じ、サンタクロースを信じる子どもたちと、そんな無垢な心に応えようとする親心。クリスマスのプレゼントは、実に愛情に包まれた儀式だと思います。

それから子どもが少し成長して小学校の高学年になると、転機がやってきます。子どもたちの世界は家庭だけだったのが、だんだんと学校や別の社会へと広がり、「サンタクロースは親だった」という事実を自然と知ることになるのです。親に直接聞く子もいれば、薄々気づいていた感覚を友人の話で決定的なものにする子もいるでしょう。発見の仕方はそれぞれですが、不思議と「だまされた！」と親に怒りだす子どもはいません。すべては親が愛情をもってやってくれていたことだと知り、サンタクロースがいないことへの落胆よりも、親への感謝を感じるからではないでしょうか。

サンタクロースを信じられなくなった日。あなたはいつでしたか？

私は、これが「信じる力」が成長する第二ステージに突入した日だと思っています。私の妹が小学生の頃、「え、サンタクロースはいないの？」と言って動揺していたその顔が今でも忘れられません。親から聞いたことを疑わずに信じていた時代から、自分の力で、信じるべきものと、疑うべきものを見極める。それがサンタクロースを信じなくなった日から始まるのだと思います。

それは大人としての脳を育てる過程といえます。しかし、脳に完成はありません。つねに未完成。終わりなき旅の始まりなのです。

サンタクロースのプレゼントは親が用意したものだった。その事実だけで止まってしまったら人は成長しません。疑う力を養いながらも、サンタクロースを信じたワクワク感をもって、再び信じられる対象を探し続ける人が、その後の人生を輝かしいものにさせられるのです。

子どものとき、クリスマスに親からもらったのは、いつか壊れてしまうオモチャではなく、何かを信じるための決して消えることのない愛だったのではないでしょうか。必ず来ると信じて疑わない心、それが叶ったときの高揚感、毎年裏切られることのない信頼感。サンタクロースのプレゼントを通して、親からの無形の愛が確実に子どもの心に蓄積され、やがて自分が人を信じたり愛したりする源泉になっていくのだと思います。

サンタクロースを待ちわびたあの日のように、もう一度、明日へのワクワクを胸に祈りながら眠りにつくことができたなら、あなたの人生はいつまでも輝き続けるに違いありません。

第5章

愛する力

自分を愛する

己を知り、自己愛を深めていくには、自分の脳を見つめ、長所も短所を受け入れることが近道ですが、すべての人が脳の画像を見られるわけではありません。ではどうやって自分の認識を深めればいいのでしょうか。

よく、モラトリアムに陥った人が「自分探し」と称して会社を辞めて旅に出たり、それまでとは異なる環境に身を置いたりして自己を内省しようとします。世の中にはこれを揶揄する風潮がありますが、私はあながち間違った行動だとは思いません。

そもそも人間は、信じる信じないにかかわらず、人間として必然必携の機能を備えもっています。生きるという本能だったり、母親としての母性だったり、生理的な現象だったり。人間は、脳や心と一緒にそういった不可欠な要素を含んだいわば複合体なのです。知性をもち、頭で考え、心で悩んでいても、その背後では必ず人間らしい動きも絶えず行っています。

自分が何者なのか分からなくなり、自分を信じられなくなったとき、その元来もっている人間としてのシステムと対峙し、一度思考と切り離す作業が重要になってきます。自分という人間を知る前に、人間としての本質的なところを実感しなくては始まらないからです。いわゆる「スピリチュアル」な人たちは、森に行ったり、ヨガをしたり、絶食をしたりして、裸の自分と向き合う機会をつくっています。ぐちゃぐちゃになった頭の中をリセットするために何が必要なのかを本能的に分かっているからでしょう。しかしスピリチュアルで特別な人だけがたどり着ける境地なのではなく、誰もがそうした原始的な体験を通して自分を見つめ直すことができるのです。

私たちの脳は非常に高度な機能を備えていながら、それが思考や経験から培ったものなのか、本来人間としてもち合わせて生まれてきたものなのかを混同しやすい性質をもっています。ある時点で、どちらか一方の機能を自発的にオフにすることが必要不可欠になってくるのだと私は考えています。

かくいう私自身も、自分を見失い、行き詰まった時期がありました。医学部を目指していた浪人２年目のこと。勉強に明け暮れる日々を送っていましたが、あるときピタリと偏差値の上昇が止まってしまったのです。何をどれだけ勉強しても目標値には届かず、自己嫌悪の嵐に襲われて模索していました。脳の研究をしたい一心で医師を目指したのに、自分自身が脳の存在に押しつぶされそうになっていたのです。そんな時期に、偶然にも叔母が「俊徳《としのり》は、滝に打たれないと来年も合格しない」という巫女《みこ》のお告げを私に連絡してくれました。実は、医学部に合格したら脳の修行に役立ちそうだから学生生活のときにと考えていたことを前倒しにして、40日弱1日も休まず高尾山の滝場に通って、ときには真夜中、丑三つ時に滝に打たれることにしました。当時は、これも叔母の愛情だと感じ、勉強時間を減らしてでも、思いきってやるべきだと思えたのです。

山道を登りながら流れ落ちてくる汗。標高が上がるにつれて冷たくなっていく外気。つまさきを水につけたときの胸が締め付けられるような感触。滝に打たれながら聞こえてくる水の音、空気の感触。帰り際に食べたラーメンの塩辛さ……。すべての感覚が自分に尖って刺さってくるようになったのです。五感が、そして第六感ともいうべき言葉にならない感覚が究極なまでに研ぎ澄まされていったのを覚えています。結果、頭と体の中がリセットされて脳が柔軟になり、目標の医学部に合格することができました。

自分を丸裸にして、自分を見つめ、自分を知り、自分を信じる。そのサイクルが絶対的に必要なのだと、私はこの経験も含めて実感しながら生きてきました。それは他者を信じただけでは決して生まれない自分の「芯」をつくる作業なのだと思います。

人間関係、環境、情報、便利さ、欲望……。日々私たちはあらゆる餌に囲まれて肥やされています。ぶくぶくと肥大化した私たちの脳と体にとって必要なのは、不要なものをそぎ落とすデトックスの作業です。自分自身を見失うのは、自分がないからではなく、自分ではないものを蓄えすぎた結果だということを認識しなくてはなりません。本当は自分という芯さえあれば、戦っていけるのです。

「愛され記憶」が愛する力をつくる

あなたは誰かを愛していますか？

この直球の問いかけに、どれだけの人が自信をもって「はい」と答えられるでしょう。

考えてみれば「愛」などなくても、日常は回っていくのかもしれません。朝起きて、自分の支度をして、お金のために働き、夜自分の夢の世界に入っていく。そこに必ずしも愛は不可欠ではありません。それでも私たち人間は、誰かに愛され、誰かを愛することを求めてやまないのです。

英語でも「Like」と「Love」という2つの単語が存在するように、「好き」と「愛する」では大きな意味の違いがあります。好きな人やものはたくさん存在していても、胸を張って「愛している」といえる対象は限られているでしょう。「好き」という一過性の高揚感やそこに付随する価値にかかわらず、何があろうとも愛おしいと思える。それが愛するという意味なのだと思います。

惜しみない愛を多くの人に与えられる愛情深い人がいる一方で、なかなか人を愛せないという悩みを抱える人もいます。その違いは、一概には言い切れませんが、これまでの人生でどれだけの愛を受けてきたかに左右されます。赤ん坊や子どもの頃の記憶を覚えていないと自分では思っていても、脳内からすべて消去されてしまったわけではありません。脳は記憶を蓄積します。親や親戚などが肌にふれて自分をかわいがってくれた経験が、感情系の脳を刺激し、大人になってから誰かを愛する素地になっていくのです。

愛する力や信じる力に悩む患者さんを診ていると、この幼い時期の記憶に「不幸だった」というレッテルを貼って封印している人が多いように思います。誰を愛するのにも、幼少時代の「愛され記憶」が土台となるのに、ここが空洞のような状態だと、うまく人が愛せなかったり、歪んだ愛の形を求めてしまったりするのです。

そうした患者さんに私が推奨しているのが、アルバムを眺めることです。子どもの頃の写真を時系列に並べて見つめてみると、自分が純粋に愛されていた時間を再発見することができます。家族と過ごした楽しい時間や、今では記憶にない人たちとの温かなつながり。そうしたものを目で見て認識することで、楽しかった記憶が再現され、自分のなかにはないと思っていたはずの感情が喚起されて自己発見をうながすのです。

今親として子育てをしている人ならば、逆に子どもの愛情を育てるために、たくさんの写真を撮って飾ることをお勧めします。５歳以前の記憶は残りにくいですが、写真を通して親と共有した時間を記憶し、思い出すことで、自己認識をうながし、愛情を養うことにつながります。脳の中をのぞくことは簡単にできませんが、放っておけば埋没してしまう記憶を、親が拾い上げ、子どもの目の前に差し出してあげることはできるのです。それこそが、親がしてあげられる愛情のプレゼントではないでしょうか。

人生は記憶の積み重ねと言い換えられます。愛にあふれた記憶こそが、誰かを愛するための大切なエネルギーなのです。

母の愛

世の中はさまざまな形の愛であふれていますが、やはり母から子への愛に勝るものはないのではないでしょうか。男女間では、ルックス、経済状況、地位など不純な価値観がどうしても入り込んできます。しかし母親は子どもの見てくれが悪かろうと、勉強ができなかろうと関係なく、惜しみない愛を与えることができるのです。悔しいですが、父親の愛が母親の愛と同じ土俵に上がるのは至難の業だと思います。

ひとりの若い女性がある日突然母になれるわけではありません。女性が母としての自覚と愛をもてるようになるまでには、妊娠、出産、子育てというプロセスが重要になってきます。妊娠中毒症で糖尿病や高血圧を発症するリスクも背負います。脳の正中に位置する下垂体は、妊娠によって少し大きく膨らむこともあります。母になる準備として、脳内ホルモンも変わるのです。さらに、女性が赤ん坊を出産する際、授乳ホルモンであるプロラクチンや愛情ホルモンと呼ばれるオキシトシンが分泌されます。このオキシトシンは、愛する人とのスキンシップや、性行為、良好な人間関係が築けているときに分泌され、いわゆる幸福感をもたらしてくれるホルモンです。

この麻薬にも近い快感物質が分娩時に分泌され、出産の痛みを緩和してくれるうえに、幸せな気持ちで母親の心を満たしてくれるのです。この鮮烈なプラス体験が脳内に刻み込まれた直後から母親としての一日目が始まります。このオキシトシンによって、出産という大仕事を終えて疲れ切っていても、3時間おきに起きて授乳することさえ愛おしく思えてくるのです。授乳以外にも、オムツや産着を替えたり、抱き上げたり、沐浴したり、そのひとつひとつのスキンシップが母としての幸福感をかき立ててくれます。出産によって、ひとりの女性という単体の存在から、自己と子どもを包括した「母」という新たな枠組みに身を置くことになるのです。

この幸福感に満たされたスタートダッシュがあるからこそ、その後子どもが成長して母親に悪態をついたとしても、わが子なら許して愛することができるのでしょう。

当然のことながら、子どもに対する愛情は母親にとって有意であるだけでなく、手をかけてもらった子どもが抱く愛にも大きく影響します。感情や動機づけの中枢である大脳基底核は、生まれる一か月くらい前から歩き始める頃までが成長の旬と言われています。この時期にどれだけの愛情を注いでもらったかが、その子が人を愛せるかどうかの決め手になるといっても過言ではありません。母から子に対する前向きなコミュニケーションが「生きたい」「かかわりたい」という能動的な感情をつくっていくのです。

愛することは能動的な行為です。最初に申し上げたとおり、愛を排除した生活を送ろうと思えば、衣食住はかなうかもしれません。しかしそれでは脳は不健康になり、幸せな人生は送れません。たくさんの愛に包まれた豊かな人生を送れるかどうか、それは母親の愛情にかかっているのです。赤ん坊の時期が終わり、小学生や思春期になれば、ただ「かわいい」だけではやりきれなくなってきます。人間同士のぶつかり合いがあり、ときには憎しみが生まれることもあるかもしれません。そんなときこそ子どもを信じる勇気が大切になってくるのです。無垢な赤ん坊の未来を信じたように、もう一度わが子を信じる。それだけで伝わる愛が必ずあります。

逆に不幸にも幼いときに母親から愛情を受けられなかった子どもは、愛着障害を起こす可能性が高いといえます。子どもは、おっぱいを与えてくれたり、オムツを取り替えてくれたり、繰り返し優しいまなざしで自分のために世話をしてくれる相手を特別な存在として認識するようになります。「自分が困ったときにはこの人が助けてくれる」という安心感を赤ん坊の頃から築いているのです。こうした安心感があってこそ自分以外の誰かを愛せるのであり、その土台が空白のままでは、愛をもつこと自体が不安定になってしまいます。

愛情をかけてくれる存在は最も近い母親が望ましいですが、当然父親や里親、親戚、近所の人など、心から親身になってくれる人ならばかまいません。私の場合は幸運なことに、家族に限らずたくさんの周囲の人に愛され、手をかけられて育ちました。両親に対しては失礼な話ですが、小学校低学年までは両親、祖父母、近所の人が親とほぼ同等くらいに愛してくれたという印象が残っています。

新潟の小さな漁師町では、共同体として横のつながりが強く、家族と同時に近所の人が子どもを育ててくれる環境でした。東京でいえば下町の長屋のような、子どもを地域の宝物として扱ってくれる文化が根付いていたのです。おかげで子ども時代を思い出すと、多くの愛情があふれるような、心温まるイメージが想起されます。私はこの愛に支えられて、大人としての荒波を乗り越え、さらに人に貢献することを幸せだと感じられるのだと思います。

たとえ不幸にも母親から愛情を受け取れなかったとしても、その愛のエネルギーは周りの環境がつくり出せます。人から愛を受ければ、それが脳に伝わり、愛情を受け取れるシステムができあがるのです。本来人間は愛情を受け取るシステムを備えていますが、実際に経験しないとその脳システムは開花しません。花が開くような明るい心象風景。愛情を受けたことのない人はそのイメージがわきにくいので、やはり愛することを信じにくい人になってしまうのです。

「愛」とは目に見えないものの究極の形なのではないかと思います。人間は言葉や数字、音、形あるものなどを認識しやすい一方、あやふやな存在を捉えることが非常に苦手です。目に見えないけれど、そこにあると信じる力。

結局はそれに尽きるのではないかと思います。

この「目に見えないけれど、そこにあると信じる力」こそが、脳が成長する力を引き出すのです。すべての赤ちゃんの脳は、未熟です。つまりすべて知らない、身についていない、備わっていないから、脳は始まるのです。しかし、先に未来がある、そこに愛がある、いずれもまだ見えないものですが、そこに勇気を出して向かっていく力こそ、脳を成長させる力なのです。

「産後クライシス」と肉体から愛する力

「産後クライシス」という言葉をご存じでしょうか。ＮＨＫの番組から発生した概念で、産後２年以内に夫婦間の愛情が急激に冷めてしまう状態を指していますが、産後の男女の脳やホルモンの違いを考えると、妊娠開始から起こるべくして起こる現象だといえます。

女性が妊娠をすると、ホルモン分泌の役割を担っている下垂体自体が肥大することが分かっています。これにより、女性を代表するホルモンであるエストロゲンやプロゲステロンなどの分泌量が劇的に変化し、乳房の膨張をはじめとする肉体的な変化がさまざまな形で起こります。女性は妊娠が始まった時期からこうした生理現象を体験し、肉体から母になっていくのです。

一方男性のほうはどうでしょう。母親の変化は子どもが誕生する10か月前から始まっていますが、当然のことながら、男性の体には一切変化は起こりません。父親になる意識がもてたとしても、女性のような変化が体に起こるわけではないので、それまでと変わらずに家と会社の往復を続けている人がほとんどでしょう。その間にも女性は、つわりを経験したり、大きなお腹を抱えて四苦八苦したりしながらも、胎児の成長を日々感じて母親としての経験値を積んでいるのです。

すでに10か月の間に男女で大きな経験値の開きが起こり、待望の赤ん坊が生まれた後には、さらなる大きな変化が待ち受けています。分娩後の母親の体はホルモンバランスが大きく変わり、プロラクチンの分泌が盛んになって母乳が出てきます。授乳などの世話を通して愛情ホルモンであるオキシトシンが大量に分泌され、赤ん坊への愛情が肉体的変化から生まれてくるのです。

このように妊娠、出産という過程のなかに、父性を育てるための肉体的な経験は存在しません。それが産後クライシスの最も大きな原因といえるでしょう。出産を終えた時点で、すでに男女の体に大きな溝が生まれていることを夫婦ともに認識することが必要なのです。男性は女性の体に大きな変化が起こっていることを理解し、逆に母親のほうは、父親に父性を育てるような経験の機会を与えてあげるべきだと思います。

その経験こそが、「時間の共有」です。男性は女性と違って、積極的に経験を脳に刻まなければ親としての父性は生まれません。両親学級などに参加して妊婦ジャケットを着てみたり、毎日のように妊婦のお腹に手を触れてみたり、妊娠中からできることはたくさんあります。当然生まれてきてからは、沐浴やオムツ替えを進んでやったり、ときには赤ん坊と２人で過ごして母親に息抜きをさせたりと、父親の出番はあらゆる場面で求められます。

　昔は経済的な余裕がなかったこともあり、男は子育てにはかかわらず、仕事をして資金面で家庭を支えるという考え方がありました。しかし今では男性の育児への理解も広がり、育児に積極的に参加する「イクメン」が増えてきています。繰り返しになりますが、人は愛情を受けた分しか、人に愛を与えることができません。その赤ん坊が将来人を愛せるかどうかは、母親だけではなく、父親と過ごした時間の有無にも大きく左右されるのです。たとえば、自分が子育てには積極的にかかわれなかったと感じている男性は、孫との接し方で再挑戦ができます。家族内の距離感を縮めるための一番の近道は、同じ時間、同じ記憶を共有することなのです。

　しかし、同じ時間を共有するといっても、それが子どもの心を傷つけるような「負の経験」であればむしろ必要ありません。子どもに寄り添っている一番身近な存在は母親です。その人を悲しませたり、おとしめたりするような行動は、子どもは「見たくないもの」として捉えます。子どものなかには、母親が父親からＤＶを受けている姿を幼い頃がずっと見てきたせいで、解離性障害を患う場合があります。自分という存在は父と母から誕生した。それは変えようのない事実なので、自分を生んでくれた２人には仲良くしてもらいたいと子どもは本能的に望んでいるのです。母が苦しむ姿も、父が怒る姿も見たくない。そんな思いから子どもは現実逃避してしまうこの解離性障害に悩みます。

たとえ家庭の問題がＤＶほど大きなトラブルでなかったとしても、子どもに与える時間は、プラスのものであるべきです。せっかく時間を共にしても、怒られてばかりであれば、子どもの心には「負の記憶」しか残りません。どうしても、負の経験を味わわせてしまうような環境ならば、思い切って「何もしない」ことも選択肢のひとつです。

また、思春期を迎えた子どもに、珍しく早く帰宅した父親が「そんな学校ではだめだ」「そんな恋人とは付き合うな」などと突然助言しても、火に油を注ぐ結果にしかならないことは、経験上ご存じの方も多いのではないでしょうか。日頃から身近にいる存在である母親なら何を言っても受け入れられますが、時間を共有していない父親から言われる言葉には過剰に反抗してしまうのです。仕事の事情などで多くの時間を共有できない父親は、下手に介入するよりも母親に任せてしまうほうがいいでしょう。子どもが親をひとりの人間として見られるレベルになったときに、改めて親を大人として尊敬できるのを待つのです。大事な時期に関係をこじらせてしまうよりも、このほうが確実にその後の親子の関係性は良好なものになります。

人間愛

２０１７年９月にメキシコで発生したマグニチュード７・１の強い地震。多くの建物が倒壊し、３００人以上の死者が出ました。日本からは警察庁や消防庁などの職員たちで構成された国際緊急援助隊が派遣され、現地で支援活動を行いました。地震発生から5日後、がれきの下から日本の援助隊によって１匹の犬が救い出される様子は現地メディアでも大きく報道されたそうです。１週間後任務を終えた隊員たちを待っていたのは、現地の人たちからの割れんばかりの拍手と「ドウモアリガトウ」という感謝の言葉でした。隊員たちを乗せた飛行機でも「我らがヒーローたちに拍手を」とアナウンスされ、機内は乗客全員からの温かな拍手で包まれました。未曽有の大地震を乗り越えた日本の援助隊は、絶望の淵に立たされた現地の人たちにとって心強い希望の光となったのです。

２０１１年の東日本大震災のときも海外から多くの援助隊と応援のメッセージが届き、悲しみにくれる私たち日本人の心を温かくしてくれました。遠く離れた人たちからの祈りは確実に私たちのもとに届き、どん底から立ち上がり前を向いて歩んで行く原動力となったのです。

人種も文化も違う会ったこともない人たち。それでも困っていたら助けたいと願い、そして助けられたら心から感謝する。こうした人間同士の不思議な絆にふれると、家族やパートナーのような近しい人を愛するのとはまた違った愛で、私たちは本能的に人間という存在を愛しているのだと思えてなりません。

脳の研究を長年続けてきて、人間の言動の大半は脳の機能で説明がつくと実感しています。しかしなかには、どうしても人の脳はお互いにつながっていると考えなければ不都合なことが出てくるのです。センサーのように人間同士を引き寄せ、無言のコミュニケーションができるシステムが脳に備わっているのではないかと私は経験から考えるようになりました。「人類皆兄弟」まさにその言葉のとおり、私たちは目に見えない力でつながり、互いの脳を呼応させているのではないでしょうか。

他国の復興を願うような希望にあふれた思いで満たされた脳。誰かを蹴落とそうとする呪いのような思いで満たされた脳。人々が声に出さずとも心にためた思いが世界を変えていけるような気がしてなりません。

私は、「脳の学校」を創業するとき、その脳のロゴの中に、「i」の文字を入れました。脳の側頭葉と前頭葉を分ける脳溝、シルビウス溝を「i」で表現したのです。

この「i」は、虚数の「imaginay」の「i」でもあり、この世は脳の中で、実と虚の世界が同居していると仮説を立てることができます。個人的にはさらに、「i」が愛につながるのだと信じています。

未来への愛

「明日死ぬかもしれない」そう思いながら眠りにつく人はどれだけいるでしょう。たとえ今の生活に希望を感じていなかったとしても、ほとんどの人が「明日が来るか」などを考えずに一日を終え、希望のあるなしにかかわらず朝を迎えていることと思います。

私たちは当たり前のように明日も必ずやってくると信じています。それは「寝て、起きる」という経験を全人類が毎日繰り返し行っているからです。人間は未来のことを考えるとき「経験」に基づいて予見します。私たちがベッドに入り何の疑いもなく目を閉じることができるのは、「起きたら朝になっている」という経験のおかげなのです。

一秒後も同じ世界が続く。そう信じ切っていた私たちの日常に予告なく襲ってきたのが東日本大震災でした。

２０１１年3月11日午後2時46分。

テレビをつけて私は目を疑いました。巨大な津波に軽々と流されていく車や建物。濁流にのみ込まれて海と化した町。まるで映画のＣＧを見ているような現実ばなれした浮遊感に襲われ、めまいがしたのを覚えています。一秒後も同じ世界が続く。平和ボケした私たちの思い込みは荒れ狂う大波に押し流されていきました。

あの日から、私たち日本人の「信じる」が一変しました。

明日は必ずやってくるとは限らないし、一秒後も同じ風景が見られるとは限らない。悲しくも、私たちはあの衝撃的な経験からそれを学んでしまったのです。地震の国に生まれ、原子力発電という不確かなものに頼っていた日本人。当たり前は当たり前でなくなり、何を信じるかを見極める力が否が応でも試されることとなりました。震災から7年が経った今も8万人以上が避難生活を強いられ、原発や放射能の問題は解決することなく続いています。どこが、何が、安全なのか。私たちはつねに信じる力を働かせながら日々を過ごしているのです。

しかし、震災という悲痛な経験をもってしても、前へ進もうとする私たちの本能が損なわれることはありませんでした。多くの善意に助けられながら、人々は地震が残していった爪痕から立ち上がり復興への道のりを歩み始めたのです。

未来を信じる。それは私たち人間に与えられた特別な能力なのかもしれません。マグマが地表にさらされて硬い溶岩になるように、一度過酷な試練を受けた信念はそれまで以上に中身の濃い強固なものになっているのです。今を生き、明日を迎えられることは決して当たり前ではないと教えられた日本人は、これからの未来に意味のある大きな一歩を踏み出せる。私はそう信じています。

第6章

定年後を生きる力

50代からの生き方改革

あまり年齢にはこだわらないほうですが、つい先日57歳の誕生日を迎え、さすがに「60代が近づいてきたな」と感慨深いものがありました。後ろを振り返らずに、つねに前を向いて走り続けてきましたが、人生の後半戦に突入したとの思いを強くしたのです。

40代の半ば頃、自分の人生をふと振り返ったことがあります。脳に無限の可能性を感じて始まった私の脳科学者としての人生。小児科医から始まり、「fNIRS《エフニルス》」の技術を発見し、渡米し研究に従事した日々。1万人以上の脳画像を見つめ続けて帰国してから、次に目指したのが「個々の脳」でした。そして45歳のとき、一念発起して「脳の学校」を創業するに至ったのです。45歳での新たな挑戦はリスクもあり不安がなかったといえばウソになりますが、それよりも脳の成長を通して誰かの人生に貢献できるという希望でいっぱいでした。それから早いもので12年。今もこうして大勢の人と接して脳の可能性を引き出すことができる充実した毎日に感謝しながら、自分の脳もメキメキと成長しているのを日々感じています。

最近では政府が「人生１００年時代構想会議」という政策を進めています。人生１００年時代を見据えて「いくつになっても学び直しができ、新しいことにチャレンジできる社会」を目指しているそうです。本当にこれから多くの人が１００歳まで生きるのだとしたら、人生の折り返し地点を迎えた50歳以降の生き方が非常に重要になってくるのはいうまでもありません。

脳の成長から見ても、50歳はまだまだ発展途上の段階です。老いれば脳は劣化していく一方だと誤解されていますが、第1章でご説明したとおり、脳には１０００億個以上の神経細胞があり、そのすべてを使い切ることは到底できません。まだ使っていない眠れる細胞に刺激を与えて揺り起こせば、たとえ１００歳になっても脳の機能を伸ばすことは可能なのです。

実際、私のクリニックに来た80歳の現役社長さんで飛躍的に脳を成長させられた方がいます。趣味も多く、脳のＭＲＩ画像を撮ってみると、年齢を考えたら完璧といえるほどすでに理想的な脳をおもちでした。それでもさらなる向上を目指したいと言い、脳画像から足腰をもっと伸ばせる潜在能力が見つかったので、その脳強化法としてなんとドラムを習い始めました。80歳から手と足で違う動きを取りながらリズムを奏でるドラムを演奏することは、高齢でなくても難易度が高く、運動系、聴覚系、視覚系など、あらゆる脳の機能を縦横無尽に駆使する必要があります。そしてドラムを始めてから1年後。再びＭＲＩを撮ってみると、手と足を動かす脳の領域を中心に、脳の白質が劇的に太く大きく成長していたのです。その成長の度合いは、なんと小学校1年生が2年生になるときの1年に匹敵するほどの伸びでした。年を取ったら脳は衰える。そんな固定概念を豪快に覆してくれた例でした。

50代になると、社会的地位や経済力も安定してきて、その居場所に甘んじやすくなるかもしれません。しかし人生の全体で考えればまだまだ道半分。この頃に新たな生き方に挑めるかどうかが、その後の人生の命運を握っているのです。新たな挑戦が吉と出るか、凶と出るか。その結果はやってみるまで分かりませんが、脳の成長にとってプラスになることは間違いありません。自分の脳を信じて１００歳まで右肩上がりで成長させ続けること。そのための選択を続けていけば、人生の後半は必ず明るい希望にあふれてくるはずです。

型にはまった生活をしている人が、いきなり脱サラをしたり、新たな趣味を始めたりするのは少々無理があるかもしれません。脳の使い方自体が凝り固まっている状態で、無謀な挑戦をしても、あまり良い結果は期待できないでしょう。その場合は、当たり前に続けていた人生から、少しだけ外れてみることで足慣らしができます。たとえば、亭主関白で家では一切動かなかった人ならば、家事を手伝ってみます。食器を運んだり、皿を洗ったり、ゴミを出したり。どれも難しいことではありませんが、「自分の仕事ではない」「柄じゃない」などと決めつけて遠ざけている人は多くいるはずです。この決めつけこそが脳の成長を阻む最大のネガティブ因子といえます。やらないと決めつけて敬遠していると、その部分の脳は手付かずのままとなり、それ以上成長することはありません。

また、「新たな挑戦をしたいけど何をしてよいか分からない」そう悶々と頭の中で悩んでいる人は、とりあえず小さなことから行動してみるべきです。これまで敬遠していたことに取り組み、手を動かし、足を動かしているうちに、脳内では新たな道がつくられていきます。脳は成長を求めているので、脳内に新たな道ができるとき、気持ち良い感覚がするはずです。「新しいことをする＝気持ちが良い」という脳内の回路ができれば、滑り出しは完了。パターン化した人生から外れるための一歩を、自然と踏み出すことができるでしょう。

「もう変わらない」という思い込み

年を重ねてきて、永遠に変わらないと信じていたものが、実は不変ではないと気づくようになりました。そのひとつが「親との距離感」です。

私にとって、というよりもほとんどの人にとってだと思いますが、親は人生最大の登場人物といえます。いつの時代の記憶を切り取ってみても、そこには親が存在し、つねに自分の決断に大きな影響を与えてきました。命を授けてくれた親の存在は、自分の存在意義と言い換えられるほど絶対的なものであり、その距離感は未来永劫、離れも近づきもしないと信じていました。しかし、自分が50歳になった頃には、当然のことながら、親も75歳と年を取っていました。その変化は日に日に加速していき、老いていく親を間近に目にするうちに、自分との距離感もまた不変ではないのだと感じてきたのです。そんな当たり前のことに気づくのが遅いと思われるかもしれませんが、私にとっては大きな転換期となりました。

さまざまな形で自分に影響を与えてきた両親が老いていくのは寂しくもありますが、親との距離感も変わるのだと気づいてからは、悲観的に捉えることなく、むしろ今あるこの時間を愛おしいものとして大切にできるようになりました。

変わらないものなどない。だから私たちは、変われない人になってはいけない。

ある雑誌の対談をきっかけに知り合った家事評論家の吉沢久子さんがよくそうおっしゃっています。吉沢さんは今年で１００歳。それに比べたら私などまだまだヒヨコですが、激動の時代を生きてこられた方の言葉には重みがあります。吉沢さんが91歳と96歳のときに、脳のＭＲＩ画像を撮らせていただきましたが、そのあまりの若々しさに驚かされました。つねに変化を恐れず、新たなことに果敢に挑んできた人の脳は、こうも磨き上がっているのかと、身の引き締まる思いがしたのをよく覚えています。

ある程度年を重ねると、さまざまなことを当たり前だと捉えて、変化を受け入れにくい人間になってきます。しかし吉沢さんの言葉どおり、変わらないものなど何もありません。すべては変化していく。そのなかで自分の脳を柔軟に使って、変化に対して気構えずに軽やかに踏み込んでいくことが、吉沢さんのように１００歳まで元気に成長を続けられる秘訣だと思います。

すべては変わっていくのだと認識すると、逆に「変わらないもの」にも気づかされます。年齢や時代とともに自分も世界も変わりゆくなか、一本の頑丈な柱のように変わらずにそこにあり続けるもの。それがきっと、「自分の芯」と呼ばれるものなのだと思います。

私の場合は、それが祖父母、両親から受けた愛情でした。私をかわいがり、その成長を自分のことのように喜びながら育ててくれた親の愛情は、私のなかから決して消えることはありません。私のなかに脈々と流れるこの愛情があるからこそ、日々変化していく状況を受け入れながら、人を愛することができるのでしょう。

変わるための熟年離婚の危機

永遠の愛を誓ったはずの2人が、別々の道を歩むと決意する離婚。前章でご紹介した産後クライシスのような比較的早い段階での離婚と同時に近年目立ってきているのが、20年以上の歳月を共にした夫婦が別れる「熟年離婚」です。

厚生労働省の統計によると、50歳以上の夫婦の離婚件数は、1970年は5416件だったのに対し、近年は6万件前後にまで増えているそうです。この40年間で、実に10倍ものカップルが熟年離婚を選択していることになります。離婚に対する世論が昔ほど批判的ではなくなったことや、年金分割制度など女性の経済面での自立が、熟年離婚を後押ししている要因といわれています。

離婚の善し悪しについては門外漢ですが、夫婦関係に関しては脳科学的にいえることがあります。先ほどの「変わらない」という思い込みのように、夫婦関係もまた年月とともに大きく変わっていくものです。一言に「愛」といっても、その中身は20代のときと、子どもを生んで家族になったとき、定年を迎える熟年夫婦になってからでは、大きく異なります。そもそも恋愛感情とは妄想とも言い換えられるほど、移ろいやすいものです。まさに「男心と秋の空」。移り気で不確かな感情は決して永遠に続きません。知らないからこそ相手のことを知ろうと求めるし、不安だからもっと愛されようと必死になる。そんな時期を通り越してベテラン夫婦の域に入ってくると、落ち着いて相手のことを見つめられるようになります。そうしたときに、その人の良さも見えれば、悪さも浮き彫りになり、そこが夫婦としての正念場なのだと思います。

細かい現実的な条件下で結婚を決断した人は、長続きしない可能性が高いといえるでしょう。年収、仕事、住む場所、家族との関係など、その時点では自分の条件に合致するとしても、それらは必ず時を経れば変化していくものです。さまざまな状況が変わってもその人を愛せるかどうか。それを見極めることが大切だと思いますが、すでに伴侶がいる場合はそう簡単に変えるわけにはいきません。

長年連れ添った夫婦に必要なのは、定期的な夫婦間の役割の見直しです。

同じ人間同士でも、必要となる関係性は時代とともに変わっていきます。女性が働く社会になった今、昔のような亭主関白はもはやナンセンスですし、逆に女性のほうも男性に頼りっぱなしでは時代錯誤でしょう。今自分が求められる役割をお互い考え直すことが、人生のステージごとに必要になってくるのです。

そうした役割の見直しをすると、夫婦問題の大部分は解決できます。そもそも赤の他人同士が人生を共にできるなど、脳の違いから考えたら奇跡に近いことであるわけです。2人が自分の立ち位置を一切譲らず、相手の変化も受け入れなければどうなるかは目に見えています。奇跡のような夫婦生活を成功させられるかどうかは、違うところは違うと認めて、変えられる部分を柔軟に変えていけるかどうかにかかっているのだと思います。

それでもどうしても許せないような事情が出て来たら、初めて「離婚」という選択肢を考えてみてもいいのかと思います。夫婦の関係は10組あれば10通りあるでしょう。絶対に正しい正解など存在しないので、最終的には事情を一番よく知っている自分が決めるしかありません。これまでの話の繰り返しになりますが、自分という芯をしっかり持っていれば、どんな決断を下そうと前を向いて歩いていけるはずです。

しかし老後を生きる上で気をつけたいのが、「孤独」です。

糖尿病、うつ病、肥満、喫煙、飲酒などと並んで、社会的な孤立はアルツハイマー型認知症の発症リスクのひとつとして数えられています。人間は元来、「人とつながりたい」という欲求をもっています。人とかかわりコミュニケーションをとることで、思考系や感情系など、さまざまな脳を動かしているのです。しかし高齢になってひとり暮らしになると、どうしても家にこもりがちになります。特に気をつけたいのが男性です。女性の場合は、何か悩みや不満があると人に話すことで問題を解決しようとする傾向があります。外に出て、おしゃべりをして自分の意見を明確にし、さらに客観的な意見をもらって「ああすっきりした」と脳も心も整理できるのです。一方、比較的交流が苦手な男性は悩むと内にこもりやすくなります。当然のことながらひとりでいれば、脳に新たな情報が入りません。思考力が低下して、脳機能そのものが下降線をたどっていくことになります。問題の解決法が男女で異なるため、特に男性はひとりになることの危険性を認識することが重要です。

老後、社会的に孤立することは単純に「寂しい」というレベルの話ではなく、アルツハイマー型認知症をはじめとするさまざまな病気のリスクを上げることになります。たとえ伴侶と別れても、多くの人と交流を続けられるのか、そうしたところまで考えることが大切になってくるでしょう。

俺たちに定年はない

平成29年の厚生労働省による就労条件総合調査の概況によると、日本では95％以上の企業が定年制を設けており、そのうち定年を60歳に設定している企業が79・3％、65歳以上に設定している企業は17・8％だそうです。高年齢者雇用安定法により、定年を65歳未満にしている企業は、定年到達者を引き続き同じ役職のまま雇用する「勤務延長制度」か、雇用をいったん中断して翌日から契約社員や嘱託社員といった形で再雇用する「再雇用制度」かのどちらかを実施することが義務付けられています。現状では60歳定年で、65歳まで再雇用を行っている企業が大部分を占めているようです。

一方、公的年金の支給開始年齢は段階的に引き上げられ、これから年金を受け取る世代の大部分が65歳以降となっています。さらに政府は、年金の受け取りを受給者の選択次第で70歳以降に先送りできる制度の検討も現在進めていて、これからますます「夢の年金生活」は文字通り夢のものとなっていきそうです。

60歳から年金で悠々自適な生活を送ることが夢物語となった今、高年齢になってからも元気により長く働き続けることが不可欠となってきています。しかし、定年の年齢を迎えた人たちからは「いい仕事がない」「賃金が安い」という不満がもれ、雇用者側からは年齢を重ねたベテランたちは使いづらいという本音も聞こえ、再雇用や再就職の現場はなかなかスムーズにはいっていないのが現状のようです。

経験を重ね知識を蓄えてきた60歳。企業や社会にとって価値あるはずの存在でありながら、いまいち求めてもらえないのは、当然マッチングの問題もあると思いますが、被雇用者側の姿勢にも改善点があると思います。60歳といっても、人生１００年時代だと考えれば、まだまだ若輩者です。もちろん、その職務においてはプロと呼ばれる域に達しているでしょうが、広い世界を見渡せば自分ができることよりも、できないことのほうが多くあふれています。「自分は世の中のことをまだ何も知らない人間だ」それくらいの初心をもって、人生の第2ステージに飛び込んでいく覚悟が必要なのではないでしょうか。

実際、語学力や、ITに関する最先端の知識は、現役の若い人たちにはかないません。学ぶ姿勢のない人は社会人として評価されませんが、定年を迎えた年齢だからといって、それが免除されるわけではないのです。いつまでも成長し続けようとする人だけに活躍の舞台が与えられるのは何歳になっても変わりません。そこで年齢を理由に「今さら新しいことなど吸収できない」と言い訳をすれば、再就職先がなくなるばかりか、脳はその時点で成長をやめてしまいます。これまでせっかく培ってきた能力を何倍にも大きく花開かせるのか、ただ枯らしていくのかは、自分の姿勢ひとつで決まってしまうのです。


年齢が上がれば、さまざまな経験を積み重ねて、社会人として、そしてひとりの人間として、大きな自信を身につけている人も多いでしょう。自信は行動を後押ししてくれる大切な要素であり、それはそのまま保持しておくべきすばらしい能力です。しかし一方で、自信が邪魔をして、行動を制限してしまうケースが年配者には多く見られます。

「今さらできない」「俺の仕事じゃない」「若造のくせに」こうした横柄な考え方をもって

いるあいだは、若い世代に求めてもらえる人材にはなれません。

自信のあるスキルがあるならば、「好転思考」でそのスキルを人のために生かすことを考えてはどうでしょうか。「出会った人を好転させるために自分は何をしてあげられるだろうか」と考えるのです。自分はプラスの作用をもつ人間であると信じ、その自分が人のために何をしてあげられるかを私はつねに考えるようにしています。相手は年長者でも年少者でも同じです。自分と出会ったことによって、少しでもその人の生活や人生が良い方向に向かうためにできることを模索しています。

「俺はこれができるからお前たちは勝手に学べ」「俺に見合った仕事を用意しろ」

そういった上から目線の態度は、一部の職人世界などでは通じるかもしれませんが、これからの社会で求められるとは到底思えません。いくつになっても周囲に人が集まってくる魅力的な大人でいるためには、「自分が何をしてもらえるか」の考えを捨てて、「自分が何をしてあげられるか」の考えにスイッチすることが必要なのです。「人のために何かをする」というと、ボランティアのような自己を犠牲にした奉仕精神だと思うかもしれませんが、実際は相手を喜ばせながらも、そのプラスの作用は一周して自分のもとに必ず舞い戻ってきます。飲食店でたとえれば、お客さんからいくら引き出せるかばかりを考えている店よりも、お客さんにどれだけ喜んでもらえるかを考えている店のほうが、結局は評判となり繁盛店になっていますよね。それは飲食店に限らず、企業や集団でも同じこと。ただ自信を振りかざして自分の利益を確保するよりも、人のためにできることを優先したほうが、周囲の人にとっても、結局は自分にとっても、喜ぶべき結果が待っているのです。

高齢者が増え、年金がいつから受け取れるかも分からないこの時代。システムや企業側が変わっていくことばかりを願うのではなく、必要とされる人となるために、自らの価値を高めていく努力が、私たち中高年に求められています。

認知症をよせつけない脳習慣

さまざまなことを経験し、それを記憶として脳にため、また明日も生きる。人生は記憶の積み重ねと言い換えられます。人生がソフトウェアだとしたらそれを動かす脳はハードウェアです。このハードウェアの働きを良くするのも悪くするのも、また経験次第であり、脳にとって喜ばしい経験を積み重ねることで、脳機能は向上し、若々しさを保つことができます。

　しかし、どう動かそうにも脳が働かなくなってしまう病気があります。それが認知症です。これまでの人生で楽しかったことも、悲しかったことも、記憶から抜け落ち、やがては自分という存在までも分からなくなってしまう認知症。悲しい病気であり、周りの人たちも苦労を強いられますが、元気なうちからこれを予防することはできます。

　記憶を司る海馬を中心に脳の萎縮が見られ、記憶力をはじめとする認知機能が衰えていくのが認知症です。元々この認知機能が高い人は認知症になりにくいことが分かっています。

　次頁のグラフを見てください。

　これは、「脳の成長と老化度の違い」を表したグラフです。ご覧のとおり、普通の人は50歳を境にして脳の成長力より老化度が上回り、認知機能は衰えていきます。そして、横に引かれた線にまで下降すると認知症になりかねないレベルに突入していきます。つまり、ある日突然運悪く認知症になるのではなく、発症するまでの伏線はかなり前から始まっているのです。

　しかし、ここで気づいていただきたいのが、老化度と脳の成長力の交差年齢が人によって異なるということです。脳の成長力があり、交差年齢が高くなれば、たとえ老化しても

脳の成長力と老化度の違い

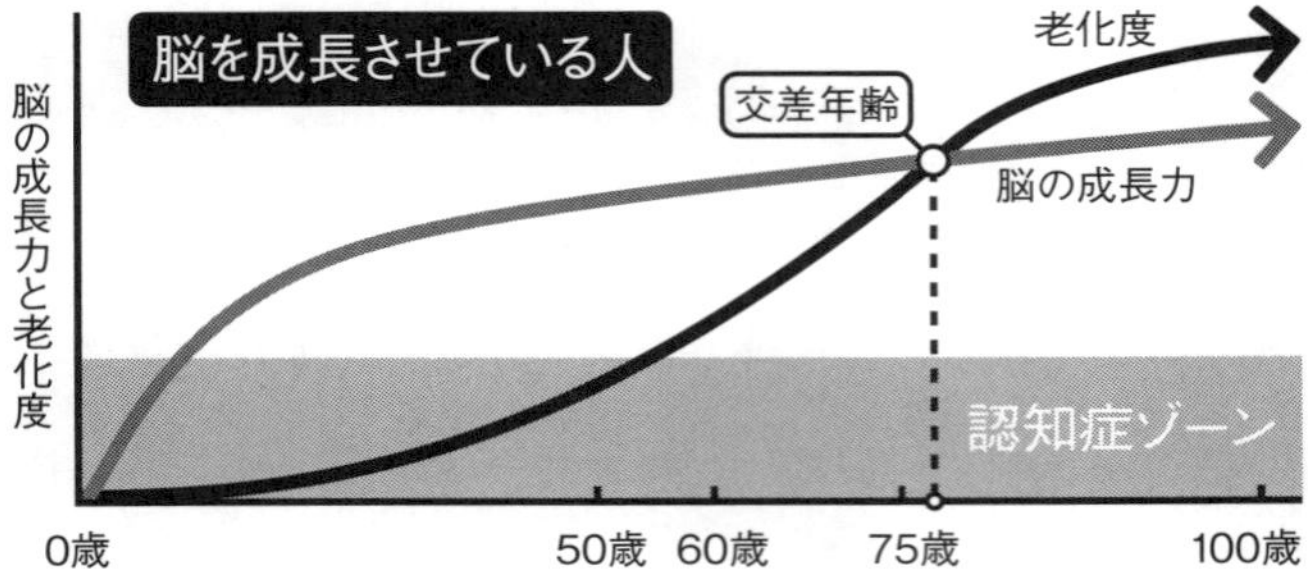

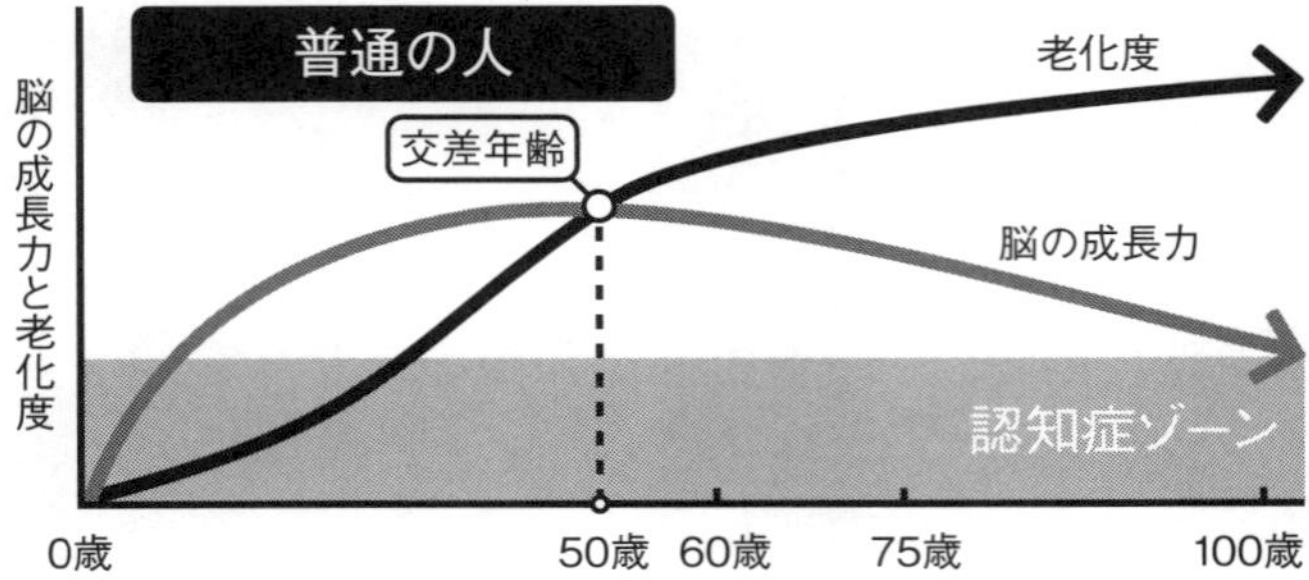

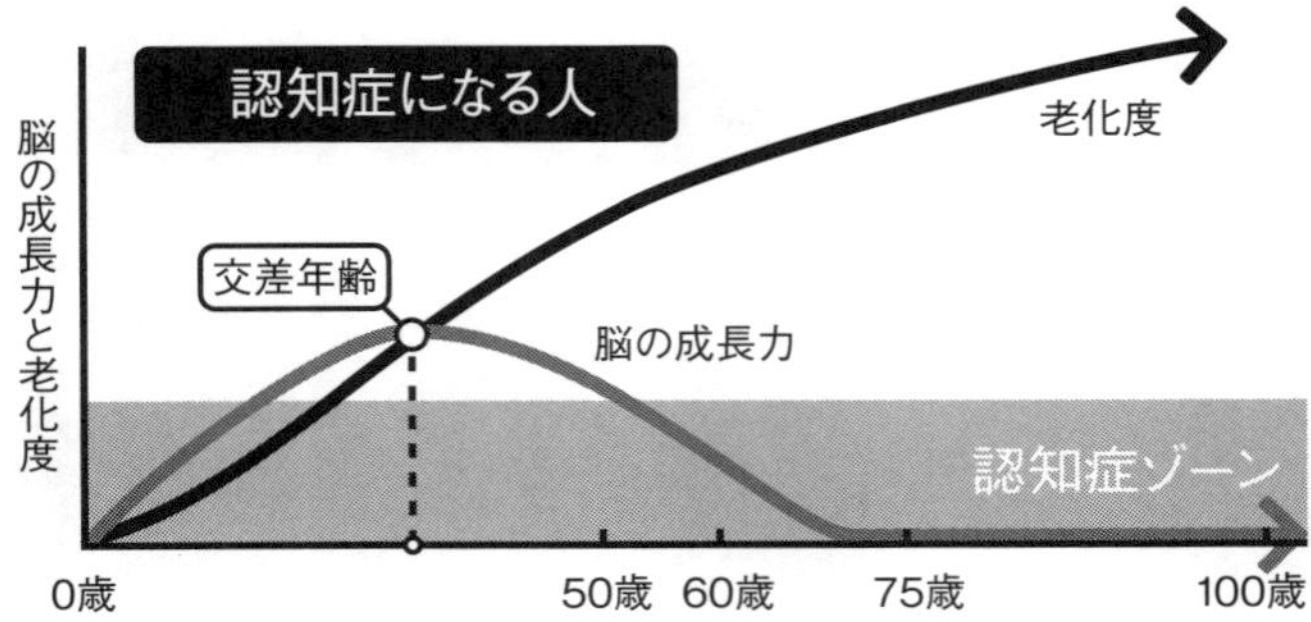

認知症になるレベルにまで落ちていくことはありません。日頃から脳にとってプラスの習慣を積み上げている人は、交差年齢が高くなるというわけです。

すでに50歳を過ぎていたらなす術がないかといったら、そうではありません。このグラフはあくまで「何もしなければ」という前提のものです。当然50歳を過ぎてからも脳を積極的に使っていれば、この下降線を緩やかにしたり、さらには右肩上がりにすることも可能です。脳細胞の老化のスピードを上回るほど、脳を活性化させられれば、たとえ80歳を過ぎてもさらなる成長を目指すことができます。

たとえば、家にこもりきりで出歩くこともなく刺激が減ると、脳血流が低下します。すると、脳にとっての栄養である酸素や糖が運ばれず、認知機能も低下し、認知症になるリスクを高めてしまいます。逆にいえば、脳を積極的に働かせ、脳血流を上げていれば、脳の機能を高めて認知症を予防することにつながるのです。

これまでご説明してきたような考え方を人生に取り入れ、積極的に新たなことにチャレンジし、次々と脳に刺激を送り続けられれば認知症は逃げていきます。具体的な対策はたくさんありますが、中高年がおろそかにしがちな習慣3つに絞ってご紹介します。

①人とコミュニケーションをとる

先ほどの「熟年離婚」の項でもお話ししましたが、脳を急速に衰えさせるのが「孤立」です。人は本来、人との相互関係のなかで自己を築き、脳を成長させています。左脳で自己を認識し、右脳で人を思う。この脳のつくり自体が、人間がひとりでは生きられない社会的な動物であることを物語っているのです。そうした本能的な脳の機能にあらがわず、磨き続けていくことで脳を若く維持できるのです。

しかし、誰かと会話するとしても、ただの業務連絡や、一方的に話すのではあまり脳は活性化されません。相手を気遣いながら、コミュニケーションを進めることが、伝達系、理解系、聴覚系など多くの脳番地を働かせる重要なポイントです。

また、「口」は脳を老化させないためには欠かせない大切な場所です。口を動かす脳の領域は、そのほかの顔の部分よりもはるかに大きく、口を動かせば脳全体を一気に刺激することができます。カラオケで思いっきり大きな口を開けて歌い続けてください。新しいレパートリーを十八番に加えましょう。できれば、振りのある歌を歌いながら体の動きも新しく覚えましょう。話す職業であるアナウンサーや年輩の俳優が何歳になっても見た目が若々しいのは口を動かすことにも秘訣があるでしょう。人と会話をしながら口を動かすことは確実に認知症予防につながります。

②新しいことにチャレンジする

ある程度年齢を重ねれば、さまざまな経験を積み、幅広い脳機能をもち合わせていることだと思います。しかし、すでにあるスキルに頼って同じ行動ばかりしていれば、加齢とともに脳は錆びつき、認知症のリスクを高めてしまいます。若い頃は精力的に働いていた人が、今は管理職に就いてデスクワークばかりをしていたり、定年になって家にこもっていたりすると、それまでの脳機能までも衰えていく一方です。趣味をもったり、新しいコミュニティに身を置いたりと、新しいことに積極的にチャレンジしましょう。

仕事が忙しくて趣味の時間はもてないという人も、勤務のなかで新たなチャレンジはできます。たとえば、電車通勤の人ならば最寄り駅のひとつ手前で降りてウォーキングをしたり、お昼を外で食べていた人ならばお弁当を作ってみたり。またはデスクのレイアウトを左右逆にしてみるだけでも、脳にとっては新たな刺激になります。要は、使い慣れた脳のルートから少し踏み外してあげることが大切なのです。

③手足を動かす

「手始め」という言葉があるように、手は脳を動かすスイッチともいえる場所です。体を動かす運動系脳番地はちょうど女性がヘアバンドをする場所である脳の真ん中に位置し、そのなかには手、足、口の領域が隣り合わせに並んでいます。その場所からも分かるように、この運動系脳番地を動かすと、自然とそのほかの脳番地にも刺激が伝わっていきます。仕事が煮詰まったときに、席を立って気分転換するといいアイデアが浮かんだり、軽く運動をすると目が覚めたりすることがあるでしょう。手足は効率的に脳のやる気スイッチを入れられる便利な場所なのです。

普段から手足を動かす人と、椅子に座って動かない人では、認知機能に大きな差が出てきます。会社では部長席に深々と座って部下を呼びつけたり、家に帰っても奥さんに食事からすべてを用意してもらったりしている人は少なくないでしょう。偉そうにして動かない人ほど、皮肉にも認知症のリスクを高めているのです。手足を動かすことは直接脳に刺激を与えられる有効な手段ですので、認知症予防に取り入れない手はありません。電車に乗れば我先に座っていた人はなるべく立つ。エレベーターよりも階段を使う。家では奥さんに頼らず洗い物などの家事をする。など、日常は手足を動かすチャンスにあふれています。もちろん、思いきってスポーツをしたり、編み物や絵画などの手を動かす趣味をもったりすることはより効果的です。

手足を積極的に動かすことに慣れてきたら、左右の手足を逆に使うことで、さらなる効果が期待できます。たとえば歯磨きや食事を左手でしたり、マウスを握る手を左にしたり、あえて左足を使って床に落ちているものを拾い上げたりしてみましょう。時間をとって下手な脳トレをするよりも日常の生活のなかで効果的な認知症予防ができます。

逆に認知症のリスクを高めるのは、これらの反対を行うことです。人と話さず、毎日決まりきった生活パターンを送り、運動をせずに家からあまり出なければ、認知症への直線コースをたどっているといえます。ほかにも、糖尿病や高血圧、肥満などの生活習慣病や、飲酒、喫煙などとの関連も指摘されています。これらのリスク因子は、当然脳への直接的な悪影響もありますが、それ以上に危険なのは、「脳に悪い」「認知症のリスクを高める」と分かっていながら、そうした悪習慣をやめられない脳の使い方です。悪いことだと認識していてもそれをやめられないのは子どもと同じです。思考力が低下していて善悪の判断が鈍っていると言わざるをえません。

認知症は自分や周りの人間が実感できるレベルになってからでは、だいぶ症状が進行している可能性があります。「自分はまだ大丈夫」と考えている人が一番危険です。自分の生活習慣を見直し、危険な要素がないか振り返ってみてください。

過去より未来へ

記憶には過去の経験や知識を脳内にとどめるものと、未来を思い描く創造的な記憶の二種類があります。記憶力と聞くと、試験の問題を覚えたり過去を思い出したりする能力だと思うかもしれませんが、これから起こることを予見する力も記憶力のひとつです。明日どのようなスケジュールで動こうかと頭の中でシミュレーションをするときは、この創造的な記憶力が働いています。

そして二種類の記憶を主に司るのが大脳辺縁系にある「海馬」です。タツノオトシゴのような形をした海馬は、目や耳など外部から受けた情報を収集し必要なものとそうでないものを取捨選択して、保管すべき情報を大脳皮質へと送るという機能を担っています。海馬の前のほうはエンコーディング（記憶の記号化）、後ろの部分はリトリーバル（記憶を思い出す）を司っていると考えられています。記憶力が高い人はこの海馬が活動的で、逆に認知症やうつ病の患者は海馬が萎縮しています。自分が将来「こうなりたい」というビジョンを思い描き、それに向かって具体的に何をするかを計画することも、この海馬が支えているのです。将来をうまくイメージできない人は、海馬が弱っている可能性があります。たとえ年齢を重ねても、未来を見つめ、具体的な夢をもつことが非常に重要なのです。

過去の出来事を反省して懺悔をすることはできますが、変えることはできません。それを頭では分かっていながら、過去に固執している人がたくさん見受けられます。「どこの大学を出た」「どこの会社にいた」と、昔の話ばかりする年長者は有能でなく器が小さい場合が多いのではないでしょうか。私が今まで出会ってきたすぐれた医師や科学者は、たとえ革命的な偉業や大発見をしても、そこにこだわらず、常に前を向いて歩いています。MＲＩを提唱し、その30年後にノーベル生理学・医学賞を受賞した知人のポール・ラウターバー博士も、「私の過去の仕事だ」と言い放ち、賞よりも未来に軸足を置いていました。その潔い前向きな姿勢には頭が下がりますが、やはり未来を見つめられるかどうかが、その人の器量を決める気がしてなりません。

過去にこだわるということは、栄光にすがる意味もありますが、失敗や不幸な出来事から立ち直れないという意味もあります。自分にとってネガティブな経験はすべて目をつぶって前に進めばいいというわけではありません。悲しむときはしっかりと悲しみ、反省すべき点はじっくりと考える。その上で、悩んでも変えられない過去と、将来的に変えていける部分を切り離す作業が必要になってくるのです。変えられない過去は、何度思いをめぐらせようと変えることはできません。記憶の片隅にそっとしまっておきながら、これから自分でつくり出せる未来を思い描いていくほうがずっと有意義で脳も成長できるのです。脳内にすでにあるものに頼って生きるのではなく、想像力を働かせながらまだ見ぬ未来を歩いて行く。それが脳科学的に見ても健康な姿勢であるといえます。

そうは言われても未来を思い描けないという人もいるでしょう。過去の体験が強烈であればあるほど、そこから抜け出すのは確かに容易ではありません。人間の脳は「出来事記憶」に非常に敏感にできています。嫌な体験や、失敗を思い出さないように努力しても、脳に記憶された過去の事実を消し去ることはできないのです。どうしても創造的な記憶が働かない場合は、祈ることから始めるのはどうでしょうか。「結局は神頼みか」と思うかもしれませんが、脳科学的に見れば、祈りは明日を思う行為だと言い換えられます。両手を合わせて心を込めて深く祈っているとき、必ず脳裏には未来の姿が思い描かれているのです。具体的な未来が想像できなくても、明日を願うことはできます。言葉が思い浮かばなければ、朝日や夕日を見つめるだけでもいいのです。陽光に身を任せて明日を思う。それだけで縮こまっていた海馬がじんわりとほぐれ、自然と穏やかな気持ちになることでしょう。

記憶は過去を思い出すためではなく、明日のための自分へのプレゼント。そう思って未来を歩んで行きたいものです。祈りは記憶力を高める誰にでも可能な脳トレです。祈りによって毎日脳を強化しましょう。

おわりに

生きることは選択の連続です。

幾度となく決断を下し、定年を迎える人でも、人生の岐路に立たされれば、その先に足を踏み出すのには身を硬くすることでしょう。何の根拠ももたずに、目をつぶり、勢いだけで清水の舞台から飛び降りるのはあまりにも恐ろしく危険な賭けです。しかし、そんな不安な思いをしなくても、人生は自分でしっかりと手綱を引くことができます。

難しいものを、難しいままで終わらせない。

あやふやなものを、あやふやなままで終わらせない。

たったそれだけで、人生の輪郭は一気にはっきりとしてきます。

目に見えない思いを、目に見える行動に変えていく、その繰り返しが生きていくということなのではないでしょうか。判然としない心の動きの先にあるのが実際の行動です。人は、信じたり疑ったりしながら決断を下したり、愛を支えにしながら抱き寄せたり涙を流したりしているのです。

目に見えないことと、目に見えること。それをつなぐ役割を果たすのが脳です。頭のなかにあるあいまいな思考をつかさどりながらも、日々絶え間なく、自分を確実に動かしています。だから、脳を振り返ることは、自分を、そして人生を振り返ることそのものなのです。

これからの人生で満足のいく生き方ができるかどうかは、自分の脳とどこまで向き合えるかにかかってきます。自分も脳もどこまでも成長できる。そう強く信じることで、次に踏み出す一歩は確実に軽やかなものになるでしょう。本書を読んで少しでも多くの気づきを得ていただけたならば、著者としてこれほどうれしいことはありません。

二〇一八年三月

加藤俊徳

加藤俊徳 かとう・としのり

一九六一年新潟県生まれ。脳内科医、医学博士、加藤プラチナクリニック院長。株式会社「脳の学校」代表。昭和大学客員教授。発達脳科学・MRI脳画像診断の専門家、脳番地トレーニングの提唱者。十四歳のときに「脳を鍛える方法」を知るために医学部への進学を決意。九一年、現在、世界七〇〇か所以上で脳研究に使用される脳活動計測fNIRS（エフニルス）法を発見。九五年から二〇〇一年まで米国ミネソタ大学でアルツハイマー病や脳画像の研究に従事。発達障害の脳の原因、海馬回旋遅滞症を発見。帰国後、慶應義塾大学、東京大学での研究を経て、〇六年、株式会社「脳の学校」を創業。脳力診断法の開発や交通安全対策のための脳研究を推進。一三年、加藤プラチナクリニックを開設。MRI脳画像を用いて一万人以上の人を診断・治療。発達障害や認知症などの脳が成長するための予防医療を実践。著書に、『脳の強化書』『発達障害の子どもを伸ばす 脳番地トレーニング』『才能の育て方』『夢をかなえる10歳からの脳番地トレーニング』『脳を強化したければ、ラジオを聴きなさい』など多数。

●加藤プラチナクリニック公式サイト　http://www.nobanchi.com/

●脳の学校公式サイト　http://www.nonogakko.com/

＊著者によりMRI脳画像診断を希望される方は、加藤プラチナクリニックまでご連絡ください。

＊「脳習慣」は株式会社脳の学校 加藤俊徳の商標登録（第5546434号）です。

潮新書 015

定年後が楽しくなる脳習慣

2018年4月20日　初版発行

著　者｜　加藤俊徳
発行者｜　南　晋三
発行所｜　株式会社潮出版社
〒102-8110
東京都千代田区一番町6　一番町SQUARE
電話　■ 03-3230-0781（編集）
■ 03-3230-0741（営業）
振替口座 ■ 00150-5-61090

印刷・製本｜　中央精版印刷株式会社
ブックデザイン｜　Malpu Design

ISBN978-4-267-02129-9　C0240